序言

生活不是一场轰轰烈烈的战役，而是琐碎的片断拼接而成的版图。每一天，每一刻，我们都在跟这些片断打交道，虽然它们看起来微不足道，却散发着惊人的力量，影响着无数人的喜怒哀乐，特别是遇到一些不顺心的问题时，情绪完全由不得自己了。

很多人不禁抱怨：人生的烦恼真是太多了！言外之意，所有的悲催和不幸，都是外界的麻烦带来的，如果没有它们的搅扰，生活会是一片坦途。

然而，不如意，从来都是人生的一部分，没有任何人能够避开。不如意和幸福不是完全对立的关系。有些人会因为不如意的事而郁郁寡欢、情绪失控，也有一些人能够平和乐观地面对。后者不是生来豁达，也不是没有情绪，而是懂得调适，不被小事牵着鼻子走，不让负面情绪主宰自己的内心和理智。

你可能早已知道，坏情绪蔓延会导致什么样的结局，可还是会因为生活中的一些小事动辄勃然大怒，或是陷入抑郁中久久不能自拔。诚然，生而为人都会有情感，也需要表达情绪，但如何表达情绪、释放内心的不适感，却考验着一个人的情商和智慧。

在诱惑与压力并存时代，单纯去强调超然物外，有点不切实际。要控制住情绪，不轻易变成它的奴隶，并不是一件容易的事，它需要你了解自己、认识情绪，并用合理的方式纾解。

情绪是人的本能，产生的结果取决于情绪表达恰当与否。情绪也是一种力量，你不能指望用压抑和遮掩的方式将它消除，积压久了还是会爆发。只有学会正视情绪，透过情绪的表象看到真实的心理需求，摒弃消极、狭隘的思维方式，从不同的视角看待问题，才能够让情绪流动起来，把负面的“毒素”排出去，重建积极的人生。

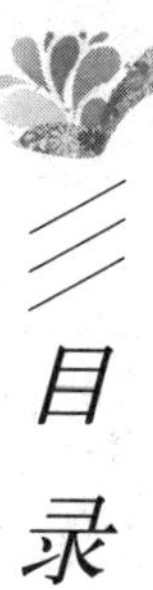

目录

倾谈01 情绪不失控，你就是生命的摆渡人

倾谈02 告别糟糕的关系，从好好说话开始

倾谈05　停止焦虑，重拾自在的生活

倾谈06　不抱怨的世界里没有受害者心态

倾谈07　认真地对待生活，不等于事事都较真

倾谈

01

情绪不失控，你就是生命的摆渡人

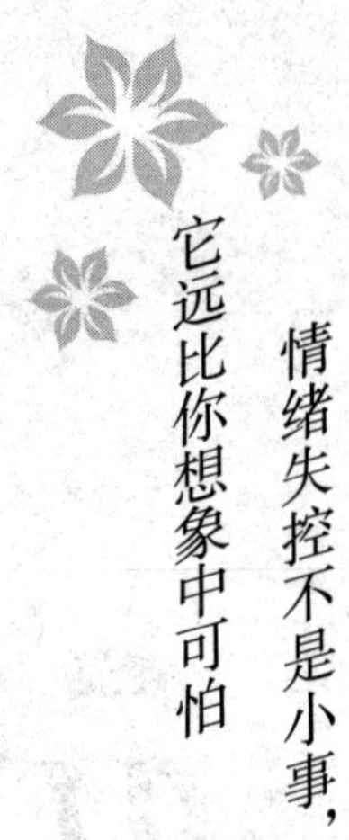

情绪失控不是小事，它远比你想象中可怕

2017年2月18日，一场悲剧在武昌区武南一村发生了。

犯罪嫌疑人胡某，在一家面馆的门口持面馆菜刀，将面馆老板姚某砍死。究竟是多大的仇恨，让他如此残忍地杀害一条鲜活的生命？说出原因，多少人都不禁叹息：胡某到面馆要了3碗面，因每碗面1块钱的差价跟老板发生了争执，引发了惨剧。

有人说："3块钱的差价，就让一个人情绪失控？恐怕没那么简单吧？"是的，发生这样的悲剧，往往都不是单方面的原因。面馆的招牌上显示每碗面4元钱，可在结账的时候，面馆老板姚某却要求每碗面付5元钱。同行们都说，春节期间涨价是很正常的事，问题在于姚某心情烦躁，习惯性地用大嗓门对胡某吼了一句："我说几块就几块，吃不起别吃！"

3块钱的差价，激怒人的话语，让两个暴脾气的人彻底失控，发生了让所有人尖叫、惊呼、目瞪口呆的一幕，残忍程度令人不寒而栗。

纵观整个事件，我们是否能够悟出点儿什么呢？

帕斯卡尔说：“人是会思考的芦苇。”

在面对生活中三五块钱的琐事时，在听到一句不太顺耳的话语时，你能否克制住内心的情绪，深度思考一下问题的实质，权衡发泄与克制导致的结果孰轻孰重，接纳发生的一切，并用合理的方式把问题解决掉呢？

情绪控制，真的不是一件简单的小事，也不是人人都能做到的事。这是一种情商，也是一种能力，不仅对普通人来说有难度，许多名人也无法很好地控制自己的情绪。

世界闻名的作家列夫·托尔斯泰，就是一个不太善于控制情绪的人。

柴可夫斯基第一次与他会面，就将托尔斯泰贬为“小人”。他说：“我们刚一握手，他就发表自己的音乐见解，说贝多芬绝无才能。”这种粗暴武断的思维让柴可夫斯基难以接受，这种直来直去、口无遮拦的说话方式，也让柴可夫斯基大为不满。

托尔斯泰在婚姻生活中，也不太擅长管理自己的情绪。

他曾经说：“我们像两个囚徒，被锁在一起彼此憎恨，破坏对方的生活却试图视而不见。我当时并不知道，99%的夫妻都生活在和我一样的地狱里。”尽管意识到了这些，可他还是在82岁那年，跟妻子发生了一场激烈的争吵，然后他选择了离家出走。

做这个决定的时候，托尔斯泰可能已经忘记了，自己已是耄耋之年。之前，他过着衣食无忧的富裕生活，离家后的种种不便让他难以适应。最要命的是，年迈体弱的他根本吃不消俄罗斯寒冷的天气，开始发高烧。7天以后，这位文坛巨匠病逝在一个荒凉的小站，结束了他的一生。

研究证明，当一个人情绪失控时，大脑里的神经中枢进入紧急状态，大脑的其他部分都听从神经中枢的调遣。情绪失控通常发生在一瞬间，掌管思考的大脑皮层还没来得及思考，行动就已经发生了。事后，许多人根本记不起自己当时的所作所为，更别说分析对错了。

回想一下，你是不是也有过类似的感受：永远不知道自己的情绪什么时候会爆发，可当内心平静下来，又总会因为自己的情绪爆发而后悔。

事实上，人们的否定情绪和情感，往往都是短暂的，痛苦一阵过后，强烈的体验就会随着刺激的消失而消失。这就是说，在情绪爆发的前一刻，如果能够按下暂停键，恶性的情绪就不会爆发和蔓延，而是得到有效的控制。

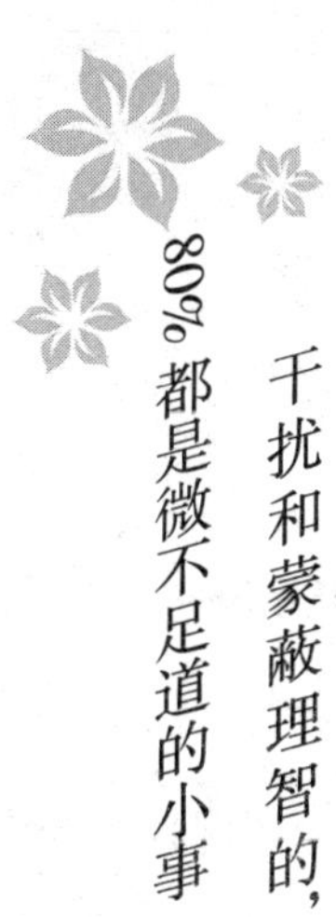

干扰和蒙蔽理智的，80%都是微不足道的小事

看过上一节的内容，我们可能会有同样的感受：许多烦恼和麻烦，甚至是悲剧，往往都是由于对身边的一些琐事过分在意。

有的人很多疑，别人无心的一句话，被他反复地琢磨之后，理解成有针对性的挑衅；有的人很敏感，总是曲解和夸张外来的消息。他们都是在用一种狭隘而幼稚的认知方式，给自己营造一座心灵监狱，这无异于自寻烦恼。这样的活法，只会让自己更加辛苦，给自己带来无限烦恼。

当我们把更多的心思放在无关紧要的小事上，为那些鸡毛蒜皮而计较时，双眼就被黑暗蒙蔽了，理智的光芒也消失殆尽。久而久之，小烦恼就变成了大烦恼，什么事情都有可能变成困扰，因为认知方式改变了，习惯用消极的视角去看待事物。

两万多年前，雅典政治家伯里克里斯向所有人发出这样的警告：“注意啊，先生们，我们太多地纠缠小事了！”后来，法国作家莫鲁瓦也给出好心的提醒："我们常常为一些应当迅速忘掉的微不足道的小事所干扰并失去理智，我们活在这个世界上只有几十年，然而我们却为纠缠无聊琐事而白白浪费了许多宝贵的时间。"

1945年3月，罗勒·摩尔和他的87位战友在贝雅·SS318号潜艇上。他们的雷达发现了一支日本舰队，于是他们就向其中的一艘驱逐舰发射了3枚鱼雷，但都没有击中。当他们准备攻击另一艘布雷舰的时候，日本舰队突然掉头向潜艇开来。原因是，一架日本飞机发现了这艘潜艇，并用无线电告诉了那艘布雷舰。

他们立刻潜到更深的地方，以免被日方探测到，同时也在准备应付深水炸弹。他们在所有的船盖上多加了几层栓子，同时为了沉降保持安静，关闭了所有的电扇、冷却系统和发动机。3分钟之后，6枚深水炸弹在他们四周爆炸，将他们往水深达276英尺的地方压去。

他们都吓坏了，按照常理，如果深水炸弹在离潜艇17英尺之内爆炸的话，几乎是在劫难逃。那艘布雷舰依然在扔深水炸弹，攻击了整整15个小时，其中有十几枚炸弹就在距离他们50英尺的地方爆炸。他们都躺在床上，努力保持镇定。

罗勒·摩尔吓得屏住呼吸，他想："这次真的完蛋了。"在电扇和空调系统关闭后，潜艇的温度接近40℃，但摩尔却浑身冒着冷汗，牙齿不停地打战。15小时之后，那艘布雷舰的炸弹用尽了，便停止了攻击。对摩尔来说，这15个小时有1500年那么长，他过去的生活一一浮现在眼前。他想到了以前所做的坏事，以及他曾经担心过的一些无稽的小事。

在加入海军之前，他在银行做职员，工作时间长、薪水少，没什么机会升迁，这都让他烦躁不已。他也曾经为了无法买房、买新车、给妻子买漂亮的衣服而发愁。他还很讨厌自己的老板，觉得老板一直给自己找麻烦。他还记得，每天晚上回到家后都觉得身心俱疲，经常跟妻子因为一点儿小事而吵架……他甚至还为自己额头上的一小块伤疤懊恼过。

多年前，他认为这些事情全是大事，可在深水炸弹威胁着他的生命时，他才意识到，从前的那些事是多么微不足道。就在那时，摩尔告诉自己：如果还有机会再看到星星和太阳，他永远不会再为小事而纠结担心。

在潜艇里那关乎生死存亡的15个小时里，摩尔学到的东西比以往任何时候都要多。

我们都在同样的小事中挣扎过活，即便走到生命的尽头，人生课题也是大同小异。经常为了小事抓狂，会把我们变成情绪的奴隶。那所谓的幸福人生、美好未来，并不存在于想象中的明天，而是在此刻由我们决定。因为每一个明天，都是无数个昨天和今天造就的。

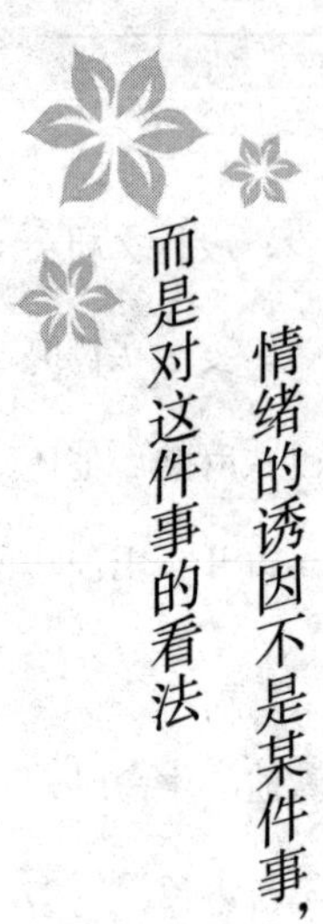

情绪的诱因不是某件事，而是对这件事的看法

心理学家曾说，任何行为都是情绪的结果，任何态度都是情绪的衍生品。无论是态度温和的好性情，还是态度恶劣的躁脾气，都脱离不了情绪的支配。

情绪和情感是客观事物是否符合人的需要与愿望、观点而产生的体验，情绪的“情”实际上反映了人与外部环境之间的利益关系，情绪的“绪”体现的是对“情”的体验程度。这就意味着，我们对利益关系的认知，在很大程度上影响了我们的情绪和行为。

当你丢掉了一件心爱的东西，失去了一个心爱的人，必然会感到悲伤；当你的正当利益被他人侵犯，你自然会感到愤怒；当你迷茫不知所措的时候，必然会感到压抑。这些负面的情绪，反映出的都是不同利益的受损带来的痛苦。反过来，那些喜悦、激动、快乐的情绪，则是由利益增加而带来的结果。

简单来说，情绪是一种主观体验，也是对现实的反映。不过，它反映的不是客观事物本身，而是具有一定需要的主体与客体之间的关系。凡是能满足人的需要和愿望的客观事物，都会让人产生积极的情绪体验；凡是不符合人的需要或违背人的愿望的客观事物，都会让人产生负面的情绪体验。

不同的情绪，会给人带来什么样的影响呢？

一间医院里住着两个患了同样病症的病人。甲的症状较轻，经过一段时间的治疗基本上已经痊愈；乙的病情较重，医生也表示无能为力，只好让他回家休养。

两个人同一天出院，由于医护人员的疏忽，出院时把两份病情通知弄混了。结果，甲接到的通知是病重尚未痊愈，而乙接到的是病情基本痊愈。甲的心情一下子就跌到了谷底，觉得大家一直在对自己隐瞒病情，病是无法治好了。乙看到通知书的那一刻，却格外轻松，开始以全新的态度去生活。

不久之后，病情基本痊愈的甲，身体状况开始出现恶化的趋势；而病重的乙，无论是精神还是身体，都感觉比过去好多了。这一切，完全是情绪使然。

愉悦的心情能给人积极正面的刺激，消极的情绪会引发各种疾病，因此有人把情绪称为“生命的指挥棒”和“健康的寒暑表”。

美国社会心理学家利昂·费斯廷格曾经说过：“当人的行为与态度发生矛盾时，态度将改变，与行为保持一致。”这就是说，态度永远是跟行为保持一致的，比如抱怨的心态是因为没有得到自己想要的利益而产生的坏情绪，而喋喋不休地埋怨就是为了与这种坏情绪衍生的态度保持一致而引发的行为。

那么，有没有一种方法可以扭转负面的情绪体验呢？

我们不妨从一则寓言故事中找寻启示：有个老人养了一群猴子，他跟猴子们商量："早上给你们3个栗子，晚上给你们4个，行不行？"猴子们不想早上吃不饱，纷纷反对。老人又说："那我们换一种方式，早上给你们4个栗子，晚上给3个，可以吗？"猴子们很开心，满意地接受了。

故事乍听起来让人忍俊不禁，但请深入思考一下：老人给的依旧是7个栗子，不多不少，为什么换成朝四暮三之后，猴子们的情绪体验就发生变化了呢？这里牵扯到一个问题，就是猴子们渴望早上就吃饱，这是它们的利益诉求。当朝三暮四变成了朝四暮三，猴子们对利益的认知发生了变化，以为是对自己有利的，就转怒为喜了。

从这一点上来说，人虽然受先天的情绪支配，但完全可以通过理性思考来调整情绪，而这也正是我们要说的重点——情绪控制。由于情绪的本质是对利益关系的认知，那么想要真正改变情绪，就得改变对利益关系的判断。

情绪转变的过程，实则就是认知转变的过程。这也是心理学上讲的"ABC情绪疗法"，即引起情绪困扰的不是外界发生的事件，而是我们对事件的看法和态度。换句话说，要想改变情绪的困扰，不是致力于改变外界的事件，而是改变自己的认知，进而改变情绪。

所有高情商和好性情的背后，通常都是豁达的心胸，以及对事物一分为二的认知，而不是偏执较真。正所谓，当世界无法改变时，改变自己；当事情无法改变时，改变态度。

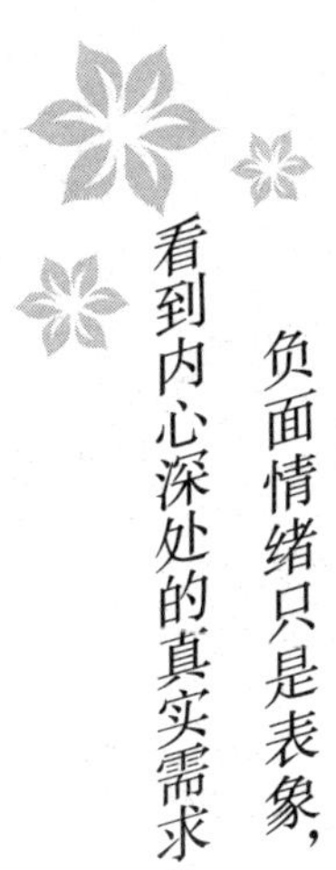

负面情绪只是表象，看到内心深处的真实需求

如果一个人沉浸在消极的情绪里难以自拔，往往是因为他无法清晰地洞察问题，总在追寻错误问题的答案，而让自己痛苦不已。

林琳是某中学的语文老师，最近心情跌到了谷底。她对工作一向很认真，可连续三年参评中高级职称都因为种种原因未能评上。看到一些比自己年轻的教师都成功晋升，她心里很不是滋味。每天面对几十名学生，她只能把自己的焦虑和失落藏在心里。可是，一回到家，她就难以控制自己的情绪，总是对爱人和孩子发火，事后又懊悔不已。

前几天上语文课时，讲的是文言文，比较枯燥。班里有一个学生懒洋洋地趴在桌子上，林琳提醒之后，那位学生不再睡觉，可又开始跟周围的同学窃窃私语。她希望学生能遵守课堂纪律，没想到那个学生不但不听劝，还大声顶撞。林琳内心的怒火顿时就被点燃了，她再也控制不住情绪，大声地向学生吼道："愿意听就听，不愿听走人。"这会儿，刚好下课时间到了，她流着眼泪摔门冲出了教室。

在外面冷静了一会儿之后，林琳又开始后悔了。为人师表的她，一直很重视自己在学生面前的形象，可今天却因为一件小事而情绪失控，怎么想都觉得完全没这个必要。过去也发生过类似的事，自己都能平静地处理，这一次到底是怎么了？

当局者迷，旁观者清。置身事内的时候，我们都可能会成为林琳，不明白自己为什么会因为一件微不足道的小事而大发脾气。或许，真正让我们发作的并非那个导火索事件，还有内心深处的心理需求，深藏在表象情绪之下。

从心理学角度说，情绪是指个人因自身需求是否得到满足而产生的心理体验。当需求得到满足时会产生快乐、兴奋、幸福等正向情绪，得不到满足时会产生焦虑、怨恨、痛苦、悲伤等负向情绪。情绪也有两种类型，即原生情绪和次生情绪。

德国家庭治疗大师海灵格曾说，原生情绪就是事件发生时最初产生的感受。这是最自然的情绪，受传统文化的影响，我们的原生情绪通常都被压抑了，没有得到有效的处理。被压抑的情绪作为一种能量在积蓄，直到快要爆发的时刻，可能就因为一件很小的事而引发激烈的反应。

爆发出的这个情绪，就是次生情绪，它是为了逃避原生情绪而发展出的感受。成年人通常会用愤怒来掩盖恐惧，而孩子因无力表现愤怒，则会用恐惧来表现。这就提醒我们，当某种消极情绪产生时，不要只简单地说一句“我心情不好”“我就是生气”，要洞悉情绪背后的问题实质，认清是哪一种心理在作祟。

不少夫妻关系紧张，就是因为彼此之间没有在原生情绪上进行沟通，而是在次生情绪上以牙还牙。比如，妻子遇到问题时喋喋不休，想在丈夫跟前释放一下情绪，丈夫此时却借故离开，他的不予理睬让妻子感到被拒绝的挫折。这个时候，她就有了一个反应性的情绪——愤怒，然后指责丈夫。其实，在愤怒之下掩盖的原生情绪是悲伤，悲伤下面是恐惧，她害怕与丈夫之间变得不再亲密。

就这种情况来说，要化解负面情绪和矛盾，就是要让丈夫知道妻子的恐惧，让妻子知道丈夫对她的依恋。当她感觉自己被需要时，就会平复她的恐惧。这个问题解决了，愤怒和指责的表象也就不复存在了。

无论是原生情绪还是次生情绪，都是我们内在感受的真实反映，每种情绪都有其价值所在。就情绪本身来说，并无好坏之分，不必因为自己的愤怒、悲伤、羞愧等情绪而觉得有什么不对。情绪就像发烧一样，只是症状，我们要做的不只是试图消灭症状，还要积极寻找症状背后的原因，对症下药。

原生情绪通常是由事件的发生而引起的，表现不夸张，在表达后消失得很快。所以，对待原生情绪，最好的办法就是恰当表达。很多人对于自己的情绪，要么爆发，要么压制，这肯定是行不通的。我们要有意识地学习如何表达情绪，不断提高自己的情绪表达能力。在表达情绪时，可以遵循下面这几个步骤：

· 精确而单纯地描述你的情绪，让对方知道。

·问对方为什么要说这些话、做这些事。不指责，要寻求原因，给对方解释的机会。

·比较对方的说明和你自己的推测。

·再一次表达自己的情绪。

对待次生情绪最好的办法是觉察，觉察情绪背后的真实需求。当你发现自己总是为一些小事生气，且很长时间都陷在情绪的沼泽里时，那就要警惕了。你要正视这种情绪的存在，然后去发现自己真正需要解决的问题。

举个例子来说，你要拜访一个重要的客户，说服对方与公司达成合作。任务很艰巨，你很紧张，这个时候，问自己“怎样才能不紧张、不害怕、不难过”没有任何意义。

你紧张的原因，可能是缺乏自信，害怕被拒绝。此时，你需要做的是，问自己“怎么样才能说服对方”“用什么样的策略才能让自己说得更清楚、更有力度”。

当你把这些真正的问题解决了的时候，自然也就克服了紧张的情绪。

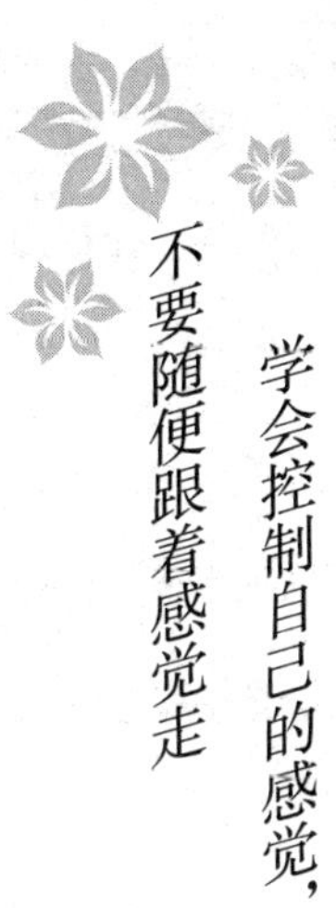

学会控制自己的感觉，不要随便跟着感觉走

从情绪管理的角度来说，无论是悲伤抑郁，还是兴奋激动，都是过犹不及的。《儒林外史》中的范进，就属于喜极而疯的典型。想要正确认清自己的情绪，必须提升自我觉察能力，不能随便跟着感觉走，而是要学会控制自己的感觉。

如何提升自我觉察能力呢？这里介绍几种方法供参考：

第一，做好情绪记录，观察情绪变化。

平日要养成记录情绪的习惯，把每天分成几个时段来记录，写下自己情绪变化的原因。这样的训练有助于自我觉察、检测情绪的平稳度。了解了自己一天的情绪起伏变化后，试着去找原因，给自己评估。权衡一段时间内的情绪变化，找出变化特征，做出整体性评估。

第二，消除不合理的信念，树立理性观念。

任何人都会出现负面情绪，只是有些人不知道这些情绪是负性的，反认为是理所当然的，任由其泛滥。只有自我察觉，消除不合理的信念，建构理性观念，才能从根本上控制情绪。

具体来说，就是要回忆并列出引发不良情绪的事件，找出究竟是什么因素引发了自己的不良情绪。接着，找出对不良情绪认识上的非理性观念，对照客观情况，清查自己当初的负性情绪到底是什么？通过对非理性观念的认识和纠正，找出合理的观念，帮助自己改变情绪。

第三，找到改变情绪的途径。

弱者任由思绪控制行为，强者则让行为控制思绪。作为情绪的主人，每个人都有能力控制不良情绪，树立调控情绪的自信非常重要，要把这种自信心的训练贯穿于生活的每时每刻。

· 看到自己的优势与长处，这是树立信心的第一步。

· 做每件事时要全身心地投入，减少不必要的担心。

· 积极地想办法应对暂时的挫折，不要一味逃避。

深刻的自我觉察，了解自己的情绪，是很重要的事情。在觉察之后，还要学会诚恳地面对，接受每个人都可以有情绪的事实，这样才能了解内心真正的感觉。不要认为观察情绪是浪费时间，没有细致的观察就不会有自我觉察。

当你感觉到了自己的情绪时，要试着问自己几个问题：

· 我现在是什么情绪状态？

· 如果是不良的情绪，是什么原因导致的？

· 这种不良情绪会有什么样的消极后果？

· 如何控制自己的情绪？

· 认真回答这些问题，权衡正误。

我们要容许自己和他人都有停下来观察自己情绪的时间，这样才不至于在冲动之下作出错误的决定。找到最适合自己的情绪管理方式，是我们一辈子要做的功课。

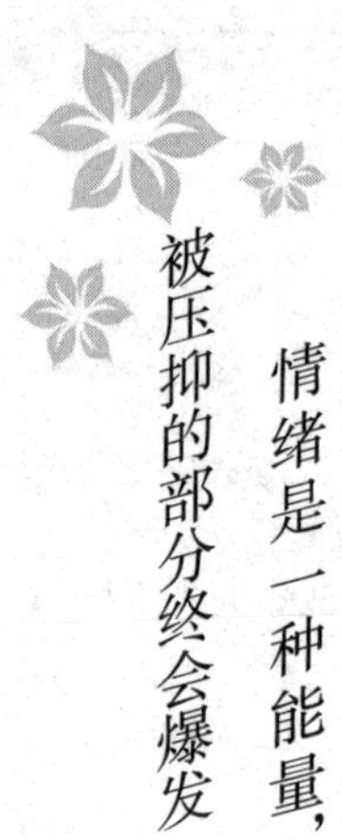

情绪是一种能量，被压抑的部分终会爆发

一位21岁的女大学生，在某个夜晚连续砸碎2台ATM取款机，且在不到500米的直线距离内，砸坏2家店铺的玻璃和8辆汽车的挡风玻璃。到底是什么原因，让这个学生的情绪如此激动呢？

“我想发泄！”在看守所里，这位女大学生回答说。她长得白白净净，身材娇小，真的很难把她跟那个手持板儿砖、挥臂捣砸的破坏者联系起来。她还说：“我不知道为什么要这么做，可能就是想发泄情绪吧，但没找对方式。”

经过询问得知，这个女生是家里的独生女，但父母只关心她的功课，并不在意她的内心感受。父母经常打她，打完后还要逼着她承认错误，可她有时觉得自己并没有错，只是不敢反抗。大学的专业不是她喜欢的，学校的期末考试她不想参加，父母硬是把她“押送”到学校。她受不了，就跑出了学校，可在外面又被人骗了一些钱，很是生气。

她在大学里没什么朋友，舍友们都觉得她很怪，很少与她交流。她对父母的不满也不知道该怎么表达。这些东西全都压在她心里。她也不知道当时到底是怎么了，就好像疯了一样，大脑一片空白，周身有一股力量驱使着她这么做，似乎只有这样才能稍微舒服一点儿。

我们经常说，成熟的标志之一就是控制情绪。这种控制，不是全然地封闭情感，而是让美好的情绪持续得久一点，让不好的情绪消失得快一点，该快乐的时候就享受快乐，该释放的时候也不要刻意憋着，善于激发积极情绪，也能适时适当地释放不良情绪。

遗憾的是，不少人曲解了“控制”的含义，把它理解成“忍耐”和“压抑”。就像那个砸坏ATM机的女生，她内心对父母霸道严厉的管教极为不满，却把情绪都压在心里。情绪是一种力量，如果不能以正确的方式释放出来，必然堵在体内。也许，这种压抑能够像堤坝一样，挡住一时的水流，可当负面的情绪越积越多，最终会突破堤坝，泛滥成灾。

情绪终究是要释放出来的，不在此时，就在将来的某时，不是以这种方式，就是以另一种方式。一味地压抑负面情绪，除了以爆发的形式呈现外，还很容易对身体造成伤害。世界心理卫生联合会曾指出：80%以上的人会以攻击自己身体器官的方式来消化自己的情绪。

现代医学研究认为，我们所患的疾病，很多都是来自精神创伤。而我国古老的中医也有“怒伤肝，思伤脾，悲忧伤肺，恐惊伤肾”的说法。身体是心灵的一面镜子，它会如实地储存我们过往的所有经验，而其中那些愤怒、痛苦、悲伤、焦虑、压抑等负面能量，就会不断地攻击我们的身体，最终对身体造成伤害，出现病痛。

不必戴上有色眼镜去看待情绪，情绪本身没有好坏之分，这只是人们对于环境的反应。如果你觉得情绪本身是坏的，是不可接近的，或是对它提前预设了立场，就有可能会把它压抑在心里，总觉得释放出来是错的。若真如此，你必须厘清这个错误观念了。情绪是一种中性的力量，对某件事，每个人都会有不同的情绪反应，这很正常，只要不过分，不必避讳，也不必过于敏感地进行干预。

情绪管理的本质，是以最恰当的方式来表达情绪，而不是压抑情绪、封闭情感。这个世界上，没有人会不动怒、不失控，但不是每个人都会让愤怒、失控的情绪以最糟糕的方式跑出来伤人伤己。我们真正要学会的是，用适当的方式对适当的对象，恰如其分地释放出来。

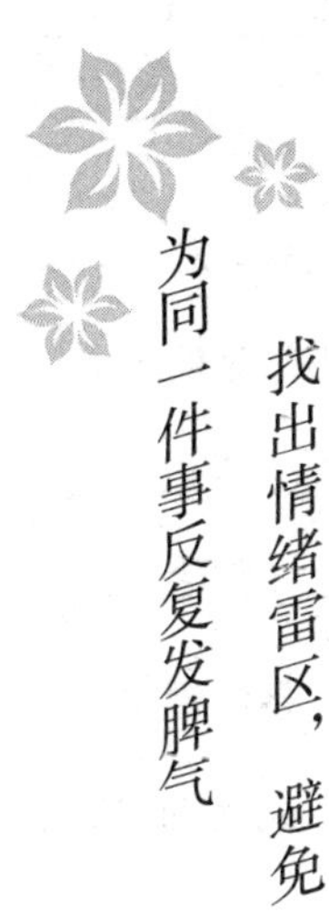

找出情绪雷区，避免为同一件事反复发脾气

“我发现自己很容易发脾气，每次碰到员工或是客户开会迟到，我都会怒火中烧，忍不住指责对方不守信、不尊重人，为此得罪了不少人。我知道这么做不好，可我就是控制不住，怎么办呢？”

说这番话的人，是某企业的一位女主管。她叙述的是她自己的烦恼，可很多人看过之后，都觉得是在说自己。同样的情况反反复复出现，这几乎是一个普遍的情绪难题。

为什么情绪总是重蹈覆辙呢？

仔细回忆，你可能会发现，情绪反应其实是一个很固定的模式。令人感到生气的，无非就是那几种情况；令人沮丧的，也无外乎就那几件事。每当这些特殊的情境发生时，我们就会启动固定的情绪反应，就像事先设计好程序的电脑一样，很自然地就会情绪爆发。

我们所有的学习经验，都会在大脑中产生新的神经回路，情绪反应的学习也是这样。当我们第一次碰到别人约会迟到，忍不住发了脾气，这个情绪反应的经验就形成了一个新的神经回路。如果不是有意识地去修正，今后再碰到类似的情况，就会不假思索地去斥责对方的行为。

这就是我们在情绪上重蹈覆辙的原因。倘若这些负面的情绪反应模式不改变的话，你就会一直为了某件事情生气，或一直为了某件事担忧。要改变这种情绪反应，阻止负面情绪的出现，最重要的是找出自己的“情绪雷区”。

什么叫情绪雷区呢？

就是那些引爆你负面情绪的东西。每个人都有自己独特的情绪雷区，有时一个人的雷区可能是另一个人的安全区，并不会引爆他的坏情绪。比如，你可能很在意别人是否守时，而另一个人却对迟到这件事感到无所谓，导致这一差别的原因，是每个人的成长环境、生活经验、父母的教导、自身的历练和个性不同。

那么，该怎样画出属于自己的情绪雷区呢？

其一，检视情绪。回顾过去一个月内，曾经出现过如下情绪的情境（至少各列三项）：

· 当……时，我感到难过。

· 当……时，我感到生气。

· 当……时，我感到害怕。

· 当……时，我感到厌恶。

· 当……时，我感到疲惫。

其二，思索核心价值。所谓核心价值，就是心中那些根深蒂固的想法和观念，是它们形成了“我是我”的基础。核心价值观不太容易改变，如果有人（包括自己）的言行违反了自己的核心价值，愤怒的情绪就可能会爆发，继而成为情绪地雷。比如，你很重视诚信，如果有人欺骗你，那你很可能会大发雷霆。

这些对我们而言很重要的信念，往往就是情绪地雷的导火索。所以，我们要检查一番，知道自己的核心价值观都有哪些。你可以试着问自己下列问题：

· 我认为一个人应当表现出的理想特质是什么？

· 对我来说，生活中有哪些价值和规范是很重要的？

· 我欣赏的偶像身上有哪些优秀的品质？

把你的答案汇总起来，会看到一连串的词语，这些就是你的核心价值观。当你了解了自己最看重什么东西，坚信什么理念，你就能更好地发现自己的情绪雷区。

在画出情绪雷区之后，接下来要做的就是规避雷区。具体怎么做，因人而异，方法多种多样。这里提供一个“B计划”方案，可能会对你有所帮助。

假如你的情绪地雷是“他人迟到”，每次跟你约会的人不准时到，你就会发脾气。现在，你可以带上一本书、下载一部电影，别人迟到了，你就可以在等待时看书或看电影，让自己有事可做，避免在焦急的等待中引爆怒火。

当然，你可以开诚布公地把自己的“雷区”呈现给周围的人，让他们知道你不喜欢、不能接受哪些事情，从而避开你的雷区。这样一来，不但让自己免受负面情绪的困扰，也不用因为别人不知情误闯雷区而闹得不愉快。

倾谈 02

告别糟糕的关系，从好好说话开始

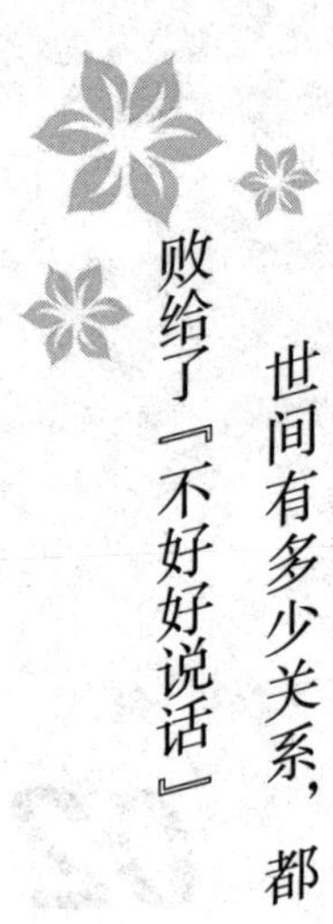

世间有多少关系，都败给了『不好好说话』

语言是人类特有的交流工具，它不仅仅是一个个字符，更是情绪的承载者。从我们嘴里说出的每一句话，都有可能会给人带去温暖，也有可能会变成一把利刃伤害别人。许多人明明知道语言的两面性，却还是习惯性地把最冷漠、最伤人的一面，留给身边最亲近的人。

L想让丈夫关掉房间里的大灯，只借助桌子上的台灯照亮即可，可她脱口而出的却是："开那么多灯干吗？你赚多少钱呀，容得你这么浪费。"

听到这番话的丈夫，内心很是窝火，他感觉L嫌自己赚钱少，看不起自己，于是愤怒地说道："嫌我赚钱少，你去外面试试呀，你以为公司都是你家开的呢！"

两人就这样你一言我一语地吵了起来，原本只是关灯这么一件小事，到最后却演变成了"谁看不起谁"的对峙。这样的情形，并不是偶然，隔三岔五就会闹一出。

从本质上说，L不是那种泼辣型的人，为人处世也比较讲道理。只是，每次跟丈夫说话，她都压制不住自己的情绪，总觉得彼此间那么亲近，用不着客客气气。

想提醒早下班的丈夫收衣服，开口就是质问的语气："你干吗呢？外面下雨了，衣服收了没有？"听到"没收"的消息，立刻就会暴怒，"一天到晚的都想什么呢，事事不操心。"

想让丈夫开车小心点，心里想的是："慢点开，不着急。"可话到嘴边，却变成："你开那么快干吗？不要命了？撞上前面车都是你的责任。"

终于有一次，丈夫忍不住对她吼道："好好说话你会死吗？"

L没有反驳，自觉有愧。

在家庭关系中，"不好好说话"是最伤人、最破坏情感的元凶。不仅仅是夫妻之间，父母和子女之间，也是如此。

有一则新闻报道，16岁的花季少女因经常被父母责骂，服毒自杀。

在临死之前，她又挨了两场骂，起因并不是什么大事，就是她穿衣服太慢、洗头发时间太长。被骂完之后，她说自己肚子疼，要回房间休息。父母没有在意，就匆匆出门了。待晚上父母回到家时，女儿已经停止了呼吸。

这个事件只是个特例，但被父母言语伤害的孩子，却是一个庞大的群体。不少父母虽然改变了过去的"棍棒底下出孝子"的旧观念，可取而代之的是另一种看似温和、实则危害更大的教育孩子方式，那就是语言暴力。

在陪孩子写作业时，不少家长都会咆哮："你怎么那么笨，教多少遍了还不会！"孩子追逐跑闹时，大声地斥责："能不能安静会儿？真烦！"这些话说出口时，也许能获得一时的痛快，可孩子的内心是单纯而脆弱的，你说他笨，他感受到的是你嫌弃他；你说他烦，他感受到的是你对他的厌倦。这些伤害，都会在孩子心里留下抹不去的痕迹。

世间没有哪一种关系是无坚不摧的，好的关系都需要用心经营，而经营的根本就在于控制住坏情绪，别让它变成利刃。同样一句话，如何表达出来更容易让人接受，怎么样让人听着更舒服，是每个人都要学习的事。好好说话，不是为了得到什么，而是不失去我们在意的人。

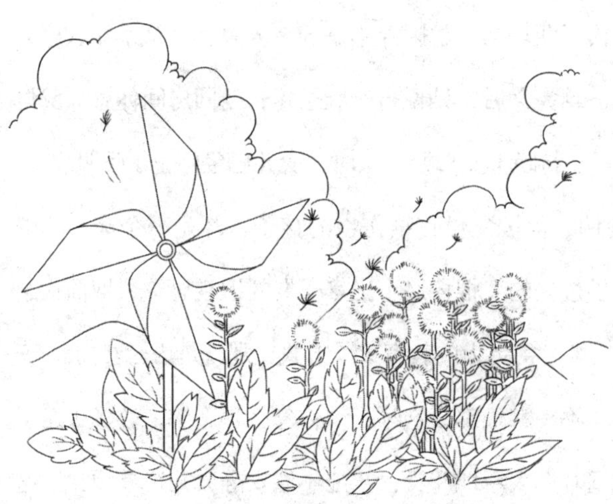

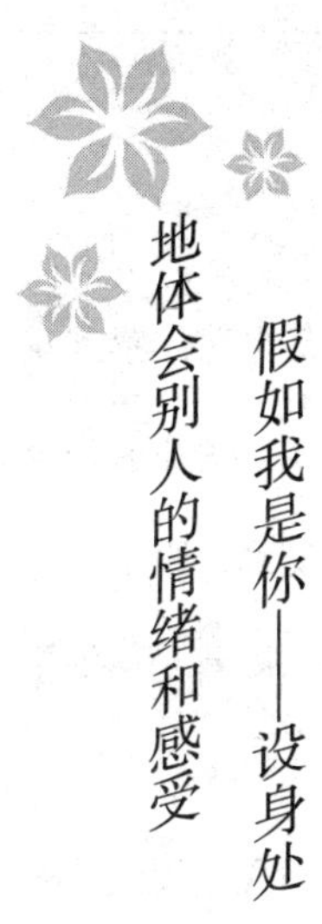

假如我是你——设身处地体会别人的情绪和感受

在一个畜栏里，关着一只小猪、一只绵羊和一头奶牛。

有一天，主人来捉小猪，小猪拼命地嚎叫、挣扎，主人无奈，只好离开。

小猪的叫声打扰了绵羊和奶牛休息，它们冲着小猪喊道："你可真烦！有什么大不了的，他经常来捉我们，我们也没有这样大呼小叫的。"

小猪说："这是两回事。他捉你们，只是要你们的毛和乳汁。可他捉我，是要我的命。"

很多时候，我们就像故事里的绵羊和奶牛，看不惯或是厌烦他人的某种行为，就忍不住发脾气，说一些刺耳的话。事实上，对方的行为未必真的不可原谅，只是我们习惯了跟随自己的感觉和喜好走，对他人缺乏同理心。

同理心是一种共情的能力，你不需要认同对方的观点，也不需要跟对方有同样的经历，只要设身处地去体会他人的情绪、感受、立场和想法，实际感受到他人的痛苦。它跟同情心不一样，后者是认识到他人的痛苦，产生恻隐之心。

当听到他人遭遇了不幸时，有同情心的人会说：“我真的替你感到难过。”可是，有同理心的人却会说：“我也遇到过这样的事，我知道是什么感觉。”都只是简单的一句话，如果你是听者，也能够感受到，带着同理心说出的话，其实更能够给人带来慰藉。因为他内心的感受，被看见、被了解、被接纳了。

《沟通的艺术》中曾经提到过一个“枕头法”，能够帮助我们提高认知复杂度。即在遇到一个矛盾时，能够站在五种立场上分别思考。我们不妨结合一个很现实的案例来了解一下这个调控情绪的办法。

假如你跟合租的女孩闹了矛盾，原因是她熬夜玩游戏，影响了你休息。针对这件事，我们就可以从五个维度出发进行思考。

第一个维度：我对她错。

深夜就是用来休息的时间段，那么晚了就不该打游戏影响别人休息。

第二个维度：她对我错。

每个人都有权利选择在什么时间做什么事情，深夜打游戏是别人的自由，我无权干涉。

第三个维度：我们都有错。

身为合租的伙伴，我有权利要求室友别在深夜里打游戏，而我的室友也有权利安排自己的作息时间和生活方式。我不能用命令的口气和强硬的态度逼迫室友改掉深夜打游戏的习惯，而室友也不该在打游戏时忘乎所以，忽略自己的行为是否会影响别人。

第四个维度：这件事情不重要。

深夜打游戏虽然影响了我休息，但它还不至于疏离我和室友的关系，为了此事闹僵是不值得的，因为由此导致的情感伤害远比事件本身更严重。

第五个维度：上述四个立场都有道理。

从不同的维度分析这件事，让我从愤怒的情绪中回归到理性的状态，衡量利弊之后，我跟室友表达自己的感受，而室友也同意晚上12点之后不玩游戏，如果玩的话，也会戴上耳机，调节屏幕的亮度。

用这个方式分析过后，就会发现很多问题远没有我们最初想的那么严重和糟糕，完全可以找到恰当的解决办法。当然，在表达自己的感受时，也要注意几个问题：

其一，描述的过程不要带有主观性的词语，少用“总是”“经常”等模糊的词语，这样有夸大的嫌疑，容易引起对方的反感。

其二，表达自己对这件事的感受，不要把情绪归咎于他人，要对自己的情绪负责，你可以说“我有点难过”，但不要说“你让我很苦恼。”

其三，说明自己的需要，让对方知道你要什么，比如：“我睡觉很轻，希望这个时间段能有一个安静的环境。”

其四，提出自己的请求，但不要用命令的语气。语气过于强硬的话，会让对方有被压迫的感觉，引起逆反心理。

针对室友玩游戏这件事，你可以这样说：“我观察到，这一个星期有4天的时间你都玩游戏到凌晨2点，我有点苦恼，因为我需要充足的睡眠，不然白天上班没有精神。我想跟你商量一下，你玩游戏能不能不超过夜里12点？”

很多矛盾并不是无法解决，而是因为说话的方式存在问题，引起了对方情绪的对立。如果能够站在不同的角度思考问题，多一点同理心，并将其转化为恰当的语言，完全能够避免不必要的争论，让矛盾在平和中消融。

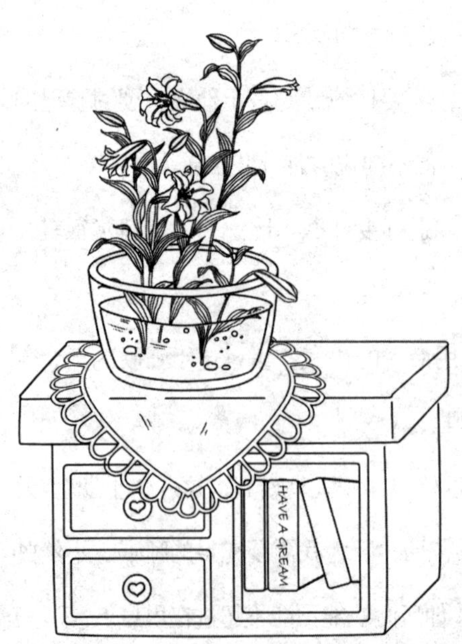

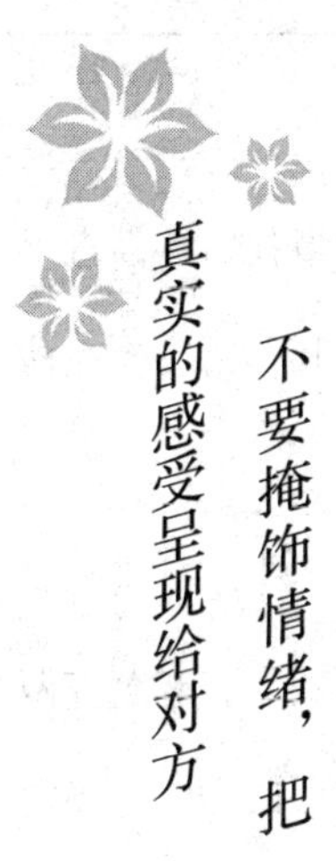

不要掩饰情绪，把真实的感受呈现给对方

亲密关系是人际关系中最为复杂的一种，两个人在相处的过程中，要饰演的角色有时不仅仅是夫妻，还可能要做对方的朋友、父母、导师等，因此，沟通就成了一个大问题。很多夫妻之间，相处得久了，遇到问题不是咆哮怒吼，就是死寂般的沉默，很少能心平气和地坐下来谈谈，说出自己真实的感受。

S从单位回到家后，整个人都有一种要散架的感觉。看到丈夫坐在沙发上玩手机，她懒得言语，无精打采地走进厨房，开始准备晚饭。

当锅里的油变热后，丈夫走到S的背后，笑着说："今天，我们单位……"话还没说完，S就大吼了一声："走开！没看见灶上坐着锅吗？"丈夫被泼了一盆冷水，想要问问发生了什么情况，可看到S一脸的不悦，悻悻地走出了厨房。

这时，S在厨房重重地摔盘扔碗，看到丈夫朝客厅走去，又扔出一句：

“就知道等着吃，一点儿眼力见儿也没有。”丈夫觉得S没事找事，简直不可理喻。两个人就这样吵了起来，最后，丈夫穿上衣服摔门而去，S坐在沙发上抹眼泪。

S平日挺喜欢下厨做饭的，今天真的是因为太累了。可是，习惯了做“好好太太”的她，不会一进家门就说：“累死我了，饿坏我了，老公你做饭吧。”她隐忍着继续扮演那个贤淑的主妇角色，压抑着自己内心的不满情绪，可最终那股怨气还是跑了出来。

其实，如果S一开始就向丈夫袒露自己的感受，请他到厨房来帮忙，那股怨气可能就被化解了。丈夫也比较粗心，听到“走开”这句话时，就觉得S嫌自己碍事，没觉察到她是有心事的。事实上，丈夫也并非不愿意做饭，只是不知道S在这一刻需要他帮忙而已。

这一场争吵，原本是可以避免的，只要S能把“就知道吃”这句话，换成“我累了，老公，今天你帮我一起做饭吧”，局面就不一样了。这不仅仅是一句话的问题，前者是在掩饰情绪，就像我们前面讲到的，她在压抑原生情绪，愤怒和怨气只是次生情绪。如果她能把自己的真实需求——“我累了，需要你帮忙”好好地表达出来，就不会衍生出愤怒了。

将自己的坏情绪或好想法，在合适的时间告诉另一半，坏情绪就能够被纾解，好想法也不会被随意否定，双方都满意，也就避免了争执。

要维持长久的亲密关系，就要敢于把真实的自己呈现给对方，包括糟糕的情绪和感受。不要因为怕对方担心，或是怕说出来有损自己在对方心中的形象，或是天真地等待对方去发现，那样只会产生误解。

掩饰情绪是最不理智的一种情绪管理方式，你越掩饰，情绪反弹得越强烈。倒不如在累了倦了的时候，说出自己的感受，对方知道了你的处境，才能回馈给你真正需要的东西。一旦情绪得到了安抚，坏脾气自然也就消失无踪了。

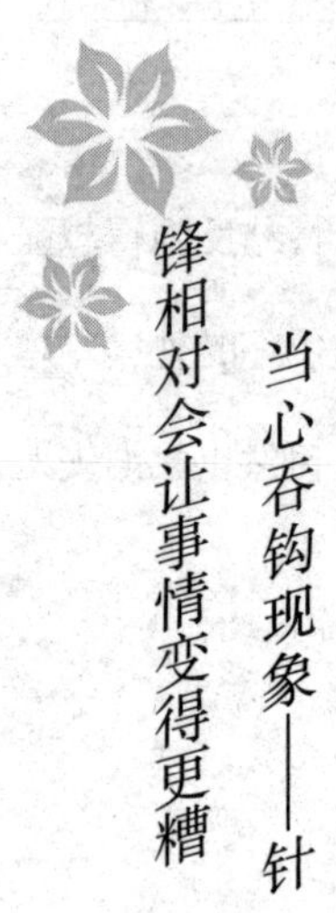

当心吞钩现象——针锋相对会让事情变得更糟

心理学上有一个“吞钩现象”，是奥地利心理学家阿德勒发现的。阿德勒是个热爱生活的人，也很细心，善于发现生活中那些有趣现象。他经常到离家不远的河边钓鱼，在钓鱼的过程中，他发现了这样一个现象——

鱼儿在咬钩之后，因为被钩子钩住感觉很疼，越是疼它就越想挣扎逃开，结果，越挣扎，鱼钩钩得越紧，鱼儿也会更疼，更难以逃脱。阿德勒受此启发，提出一个心理概念：吞钩现象。

有的人会认为鱼儿的行为很蠢，其实在生活的某些问题上，人类也并没有表现得比鱼儿更高明。最常见的莫过于和别人针尖对麦芒地发泄情绪。

古代有位高僧，佛学造诣很深，深受世人敬重。高僧有一位弟子，平日很喜欢收集陶壶。只要听说哪儿有上好的陶壶，就会不辞辛苦去购买，甚至不惜花费重金。长年累月，这位弟子收集了很多陶壶，每一个陶壶都有一个故事。

弟子最为喜爱的是一个龙头壶。有一段时间，高僧外出讲学，佛寺内僧人的课程就由这位弟子代上。每次讲课，弟子都拿着龙头壶。有一天，弟子与一位僧人在佛法的见解上产生了分歧，争吵不断。弟子坚持认为自己是对的，那位僧人也觉得自己没错。

两人从课堂吵到寺院内，由于僧人伶牙俐齿，弟子有点儿说不过，就变得很急躁，随手把手上的龙头壶摔了过去。只听“啪”的一声，龙头壶碎了，那位僧人侥幸逃过，但怒不可遏，跑到弟子存放陶壶的地点，把他收藏的所有陶壶都打碎了。

正在为龙头壶心痛的弟子急忙赶了过来，看到眼前的情景，顿时被激怒了，两个人厮打在一起，直到寺院内的其他僧人将他们拉开，这场风波才暂时告一段落。

高僧回来后听说这件事，便找来弟子谈论佛法。此时，弟子依然怨气未消。高僧安慰弟子说：“佛语有云：色即是空，空即是色，就是要我们摆脱外物的束缚，解放心灵。如今，你的内心装满了破碎的陶壶，如何还能装得进其他东西呢？”

弟子说：“可他不该把我所有的陶壶都打碎啊！”

高僧说：“他固然有错，但你也有错，你错在让情绪控制了自己。佛家讲究修身养性，看来你还是没能摆脱物欲、摆脱情绪。与人针尖对麦芒，只会让你频频爆发，不管对自己还是对别人，都是有百害而无一利的。这次陶壶破碎之事也是给你提个醒，要摆脱物欲控制，要控制个人情绪，要修身养性。”

芸芸众生中的我们，可能无法做到像高僧那般洒脱自在，也没有那种大智慧和大境界，但我们可以试着从不与人争吵开始，控制自己的情绪。当与人发生冲突时，针锋相对只会让事情变得更糟。就算在争执中你获得了口头上的胜利，那又能怎样呢？事情未必会朝着你所愿的方向发展。倒不如在双方针锋相对的时候，用正面的、感性的言辞去缓和气氛，用有建设性的、宽容的态度与对方沟通，并影响对方。

如何在即将失控的那一刻回归理性呢？

深呼吸是最快、最简单的情绪调节法。成语中有“心浮气躁”“心神不宁”“心乱如麻”“心急如焚”等说法，其意思都是说，自我混乱、失控的状态是由紊乱的情绪及精神状态引发的，而要达到“气定神闲”“平心静气”的最快做法就是调整“心”和“气”，也就是多做深呼吸，把气调顺了，就很容易摆脱情绪的影响，回到理性思考的状态。

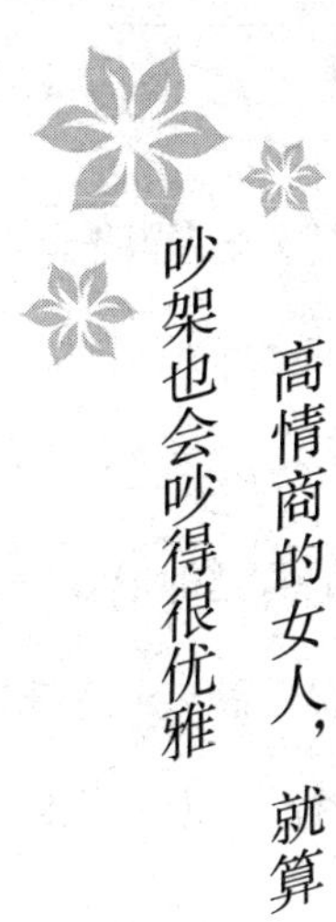

高情商的女人，就算吵架也会吵得很优雅

他洗完澡总是把脏衣服扔在浴室的地板上；刚擦干净的桌面又被他弹上了烟灰；你叮嘱他一定记得交网费，结果在你想要加班忙碌的时候，发现网断了……于是，你忍不住大发雷霆，把心里的怒气统统倒了出来，指责他的种种不是，牵扯到了曾经的点点滴滴。最终，一场没有硝烟的家庭战争，以愤怒开始，因失控而达到高潮，以冷战告终。

虽然金庸先生说，不吵架的夫妻不是真夫妻。可就吵架这件事来说，很少有男人主动挑起争吵的事端，他们大多习惯用沉默表示抗议，或者干脆作出退让；真正喜欢动嘴吵架，吵到最后又伤心伤情的，往往都是女人。

有时，看到男人默不作声，女人心里的怒气更是难消，总觉得那是无言的挑衅和不屑一顾。也许是彼此间太熟悉了，言行上也没有了顾虑。愤怒和冲动，会让她变得歇斯底里，控制不住自己的情绪，吵到疯狂无度，自苦自怜。

这样的女人不可爱，也不美丽，无论是在爱人心中，还是旁观者眼里。看到女人愤怒到口无遮拦、蛮横无理的样子，任何一个男人都会感到厌恶，即便他依然保持着忍让，可心里始终会留下一道难以愈合的伤口。当有一天，积蓄的暗疾触及了他的底线，沉浸在谩骂声中的女人必将尝透凉薄。

健身房的瑜伽室里，M正跟美丽的女教练倾诉心声。她说，自从一个月前买了那个奢侈的包包跟老公大吵一架之后，两个人就开始冷战。为了发泄情绪，她每天晚上都会吃很多东西，一下子就胖了10斤。身材越来越不"魔鬼"，心情反倒是越来越"魔鬼"。

M称赞女教练的身材，更欣赏她的气质："我挺羡慕你的，当个瑜伽教练，在教别人的同时，自己也保持了身材。"

女教练摇摇头，说："其实，我当初学瑜伽的目的，不是为了保养身材，是为了平和心态。不得不说，这是一项很好的平衡身心的运动。我以前也经常生气，现在好多了。我虽是个外人，但也想提醒你一下，吵架可以，但是不要乱发脾气，时间长了，感情会受影响。"

"唉！"M叹了一口气，说道，"难道要忍着不拌嘴、不吵架？我觉得很难。"

"对，很难。可你要知道，会好好说话和有话好好说是女人的修养和品质，虽然很难做到，但至少得去努力。如果总是相互埋怨，互相挑刺，那么两个人在一起还有什么意义呢？"说这些话的时候，女教练不温不火，就像一位深谙人心的导师。

爱情中，吵架永远是一个大课题。有人曾说："决定感情是否能天长地久的关键，不在于彼此有多相爱，而是吵架时吵得有多难看。两人争吵时越凶越没格调，爱情就被伤得越深越会跑调。”两个人相处，冲突不可避免，如何吵出格调，让爱不减，就需要用心去琢磨了。

夫妻相处，一定要清晰地把自己的想法说出来。如果他说：“你真懒。”不要焦躁地去反驳：“你有什么资格这样说我？你觉得自己比我强吗？”此话一出，引起的必然是争论。你不妨试着稳住情绪问对方：“为什么这样说？我做了什么事让你这样觉得？”你这样问，他必然会告诉你他的想法。

如果他说的那些事根本是无稽之谈，那你也用不着声嘶力竭地抨击。你把那些觉得不合理的地方清楚地讲给他听，这样的话，争吵就变得有针对性了。否则，你一句，我一句，来回地顶撞和反驳，伤人的话说了不少，最终也吵不出什么结果。

吵架一定是有原因的，这就要求双方厘清彼此的需求。你可以问对方：“我要怎么做，你才会满意？”或者，干脆直接地告诉对方自己想要什么，你希望他怎么做。如此，既省略了相互质问和赌气的过程，又得到了最直接的答案。

记住一点：情侣或夫妻之间吵架，并不是为了让谁难过，只是用一种比较激烈的方式讨论和解决问题而已。愤怒的嘶吼和扭曲的神情，带来的只有厌倦和痛心，就算“战事”平息了，也会给彼此留下阴影，实在得不偿失。

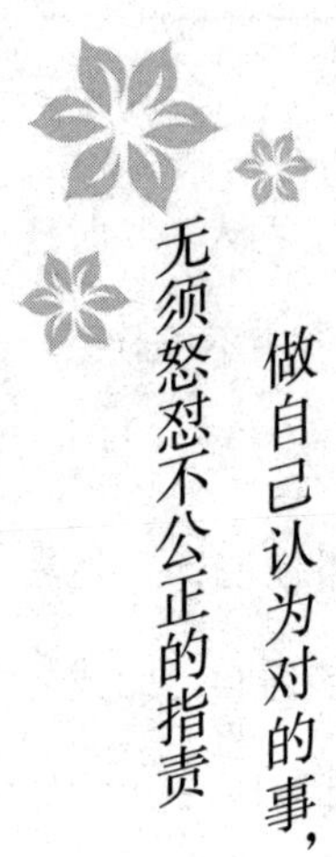

做自己认为对的事，无须怒怼不公正的指责

遇到不公正的指责时，任何人都会觉得憋屈：明明不是自己的问题，却被无端地扣上一个坏名声，谁愿意背这个黑锅呢？一气之下，干脆就针锋相对，跟对方争辩个是非黑白。可很少有人冷静地思考，这样做真的有意义吗？

坦白说，这样做没有任何效用，只会让对方觉得你在掩饰和狡辩，继而变本加厉地指责你。在这个世上，任何人都无法避免他人对自己做出不公正的指责，但有一件事情我们可以做，那就是决定是否要让自己受那些不公正指责的干扰。

钢铁巨人查尔斯在普林斯顿大学发表演讲时说，他这一生最重要的一课，是从他手下的一位德国老工人那里学来的。因为战争，这位老工人与其他人吵了一架，被丢进了河里。

查尔斯回想起当时的情景，这样说道：“他走进我的办公室，浑身都是泥巴。我问他，你要怎么对付那些把你扔进河里的人？”

老工人说：“我只是笑笑。”

就是这句话，启迪了查尔斯，后来竟成了他的座右铭。

遇到不公正的指责时，咆哮怒吼都没用，最好的处理方式就是“一笑而过”。换个角度去看这件事，你就会理解为何要这样做。假如你在指责一个人，他却“只是笑笑”，你还能说什么呢？

林肯总统曾经写过一篇如何对待指责的文章，被麦克阿瑟将军抄写下来，挂在总部办公室的墙上。丘吉尔首相也将这篇文章装裱起来，挂在书房的墙上。在这篇文章中，最为经典的就是下面这段话——

“如果我仅仅试着去读所有对我的攻击，更不用说去回应了，那么我不如关了门，去做别的生意。我竭尽全力做好自己的工作，始终如一地把事情做完。如果结果证明我是对的，那么无论他人怎么批评，都显得无关紧要了；如果结果证明我是错误的，那么即使花十倍的力气来说自己是对的，也无济于事。”

斯密特·巴特勒少将是美国海军陆战队的统帅中最喜欢讲派头的军官。年轻时的他，很渴望成为一个受欢迎的人，总希望给人留下好印象。那时的他，受不了任何批评和责难，无论这些批评是对是错。可是，在海军陆战队的30年里，他变得坚强了。

他说：“我听到过很多人的咒骂与羞辱，有人骂我是狗、是毒蛇、是黄鼠狼，那些喜欢骂人的人把英文中所有能想象得到却写不出来的肮脏字眼，全都用在了我的身上。这会不会让我觉得难受呢？现在即使听到有人背地里说我什么，我甚至不屑于回头看看是谁在骂我。”

这一生，无论你怎样活，如何小心翼翼，都会有人对你说三道四，无谓的指责永远不会消失。面对这样的现实，我们唯一可以选择的就是——做自己认为对的事。就算有指责批评，就算有流言蜚语，想到许多事情都是遵从内心去做的，也就更容易忽视这些干扰。否则的话，他人的言论很有可能会让我们迷失自我。

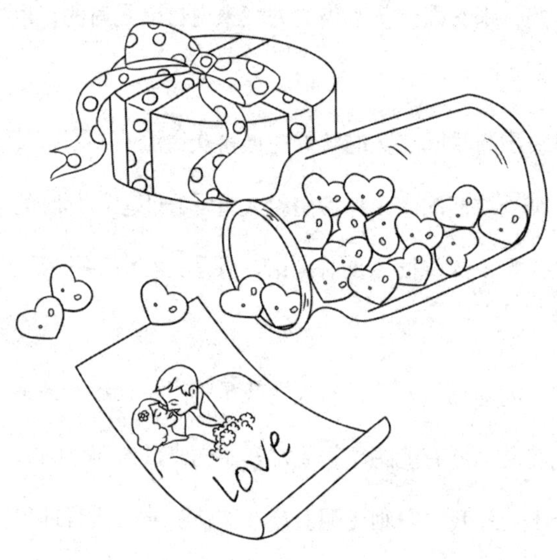

想斥责别人时，记得先观照一下自己的情绪

Y是某高校研二的学生，最近她碰到了一件很闹心的事，翻看了各种书籍、文章，也没能解开这个心结。事情的起因，源自一个师妹。

Y跟这位师妹相识半年多，起初没什么特别的感觉，可随着接触的增多，Y发现自己对师妹有很强的情绪，总是看她不顺眼，一有机会就想以师姐的身份来教育她。说是教育，其实Y自己也明白，其中有点训斥的意味。

师妹的观点很极端，非黑即白。有些从来没经历过的事情，她也会说得非常肯定。奇怪的是，如果其他的师弟师妹在意见上与她全都相悖，她又会很快转变自己的观点。Y看不惯，觉得师妹完全不知道自己想要什么，更不知道自己在做什么。

有一次，导师过生日，8个学生中，只有师妹是研一的。席间谈到今后的发展问题，师妹自信地说："我觉得，想在短期内做出成就，单打独斗肯定不行，得拉一些人去创业。”话一出口，Y和其他几位同学就都笑了，对师妹轮番轰炸。有意思的是，等到他们否定完师妹的观点后，师妹似乎也忘了自己刚刚说的话，开始向师哥师姐们讨教社会经验，还拿起酒杯敬酒。

Y在在这些学生中，算是一个比较有威信的人，也得到大家的一致认可和尊重。大家遇到问题时，都习惯找她来商量、讨教，唯独师妹除外。有时，Y就会忍不住说一些话去攻击师妹，但师妹的反应却出乎她的意料，根本不按照一般的逻辑来。她心里总觉得憋着一股气，越看这个“不懂事”的师妹越不顺眼。

这样的情形，对每个人来说都不陌生。我们都活在关系中，会碰到一拍即合的人，也会碰到话不投机的人，还会碰到看不顺眼的人。Y碰到的那位师妹，无非就是立场不够坚定，容易随波逐流，尚未达到令人抓狂的地步。Y也不是一个挑剔的人，为何偏偏看师妹不顺眼呢？这一点，我们可以从苏东坡的典故中，找到原因。

大文豪苏东坡非常喜欢与人谈佛论道，他有一个至交——佛印禅师。

有一次，两人在一起聊天。苏东坡问佛印说：“佛印，你看我是什么？”

佛印笑了笑，回答说：“我看你是一尊佛。”苏东坡听了后，有些飘飘然。

而后，佛印问苏东坡：“你看我是什么？”

苏东坡想调侃一下佛印，于是就说：“我看你是一坨屎！”

佛印抚掌大笑，苏东坡不明就里，就问佛印：“我说你是一坨屎，你为什么还高兴呢？”

佛印道："佛印心中有佛，看万物皆为佛；苏公心中有屎，所以才会看我是屎啊！"

心中有佛，则眼中之物便皆为佛。在评价别人的时候，我们的一言一行未必都是客观的，心理学上有一个"投射效应"，说的是以己度人，认为自己具有某种特性，他人也一定会有跟自己相同或相似的特性，从而把自己的感情、意志、特性投射到他人身上，并认为对方也应该有同样的感受和认知。说白了，就是一种强加于人的认知障碍。

Y的师妹随波逐流、不能坚持己见，Y很看不惯她的这一特质。对此，Y应该问问自己：刚刚上大学的时候，或是再早一些年，我是否也做过类似的事？Y在学生中颇受尊重，唯独师妹对她不够尊重，Y也应该问问自己：是不是我内心认为，我就应该得到所有人的认可和尊重？是否因为师妹没有遵循我的逻辑，才让我感到不舒服？

生活中，我们总会不自觉地把自己的心理特征，如经历、好恶、欲望、观念、情绪、个性等加在他人身上，认为自己是这样想的，他人也该如此，甚至试图强迫他人如此，结果却事与愿违。事实上，用自己的喜好往往不能正确地衡量别人，也无法有效地向他人施加影响。

所有的人际关系都是一面镜子，透过它们会看到真正的自己。我们不能容忍他人的部分，就是不能容忍自己的部分。这就好比一个爱发脾气的人常常认为是别人惹自己生气，每件事都可能变成愤怒的理由。可实际上，并非每一样东西都是错的，而是他把隐藏在自己内心的东西投射到他人身上了。

当人际关系出现问题时，当你看某些人不顺眼，总是想用恶语去攻击对方时，不要一味地把目光锁定在对方身上，去挑剔他的“问题”。那样做并不能纾解你的情绪。试着把目光收回，反省一下自己，静静地思考，对方身上让你难以接受的特质，是否在你身上也存在？别人面对你的这些特质时，给了你什么样的评判？你是否记得当时的感受？

很多事情需要先宽容自己，才能够宽容别人。只有允许自己有这样那样的不足和缺陷，在看到他人暴露出类似的特质时，你才有可能接纳和理解。所以，在看别人不顺眼的时候，先观照一下自己的内心和情绪。

最后要说的依然是那一句老生常谈的话：亲爱的，外面没有别人，只有你自己。

倾谈 03

没有绝对的完美，准许自己接受自己的缺点

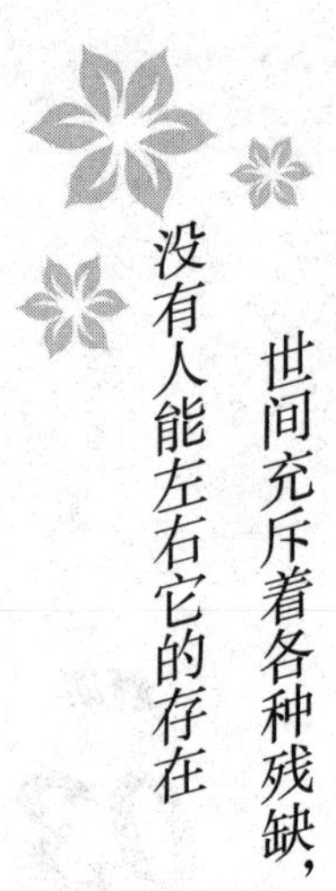

世间充斥着各种残缺，没有人能左右它的存在

月有阴晴圆缺，人有旦夕祸福，这个不完美的世界里充斥着各式各样的残缺。

有人生来就要承受身体上的残缺，抑或是被意外夺走了健全的肢体；有人命运多舛，接二连三地遭遇不幸；也有人从事业的巅峰瞬间坠落低谷，没有任何防备……残缺就跟空气一样，无时不在，无处不在，没有谁能够左右它的真实存在。

对待残缺这件事，多数人内心的态度都是相似的，那就是抗拒。很多人不愿接受物品的瑕疵，厌恶他人身上的缺点，渴望幸福的生活、优质的爱人、美好的结局，但凡有什么不如意的事情，就哀伤自己不幸，怨声载道，嫉妒别人看似完整的生活。

其实，有谁的生活真那么美好呢？世界本就是由一个又一个不完整串联起来的，很多东西，你越是抗拒，它越是凸显，从容地去接受才能感受到快乐，并在残缺中发现美好。

某个小镇上住着一对母女，每天傍晚，女孩都会在街头广场拉小提琴。人们喜欢她的琴声，犹如天使般温柔低诉，安抚着人们疲倦的心。久而久之，人们都认识并喜欢上了这个女孩，因为她不仅小提琴拉得好，皮肤也很白，精致的五官生在一张白瓷脸上，那种高贵和美丽，简直让人嫉妒。人们想象着，这个女孩日后一定能走进金碧辉煌的音乐大厅里展示她的才华。

天意弄人。谁也没有想到，一场意外竟然让女孩的脸上留下了一道长长的疤，她不敢再照镜子，也很少抬起头，就连最爱的小提琴，也不愿意再碰。从此，街头广场变得安静了，那个天使一样的美丽女孩也成了人们永久的记忆。

突然有一天，人们又听到了小提琴的声音，只是这声音并不美妙。因为，拉琴的人不是那个女孩，而是她的妈妈。妈妈站在女儿曾经拉琴的地方，用她的琴声和不远处的女儿对话。接下来的两个月，每到傍晚，妈妈都会去拉琴。

直到有一天，一个喝醉酒的人在广场上耍酒疯，他大声地朝着女孩的妈妈大叫："你拉的小提琴实在太难听了！请你别再拉了。"母亲平和的脸上第一次有了愤怒的神情，她说："如果你觉得不好听，那么请你把耳朵堵上，我是拉给我女儿听的。"

这时，小女孩走到妈妈跟前，接过她手中的小提琴，坦然地昂起她那张带着疤痕的脸，冲着那位醉汉说："我妈妈只为我一个人拉琴，在我眼里，她是世上最完美的小提琴手。"接着，小女孩从容地演奏起她过去演奏了无数遍的曲子。

站在一旁的妈妈流泪了，她激动地对女儿说："孩子，我只是想让你明白，虽然你的脸和妈妈的琴声一样，都不完美，但我们要有勇气把它拿到人前。"

生活终究是不可能十全十美的，面对已有的残缺，面对难咽的苦涩，我们唯一能够做的，就是在残缺中领略美好。这种领略，不是去强求外界改变，而是当事情不尽如人意时，要继续坚强、微笑地生活，做自己该做的事，不枉费青春，不虚度年华，不去细细观摩究竟有多少瑕疵，而是意识到残缺之外还有让人珍惜、令人感动的东西，或许体会到的就是感激和美好了。

一位修自行车的老人，多年前由于车祸导致双腿高位截瘫。当时，别人都在发愁他今后的日子该怎么过，老人却说："该怎么过就怎么过！"现在的他，借助一辆破旧的三轮车，几年如一日，用那双灵巧的手让一辆辆瘫痪的车子活跃起来。

一个出生时就失去母亲的男孩，被全家人所唾弃，父亲说他不吉利，哥哥姐姐说他是累赘。在这样的环境下，羸弱的他就像是一株小草，随时都可能被死亡带走。然而，他还是坚强地活过来了，经历了不受待见的童年，磕磕绊绊的少年，一贫如洗的青年……历经几十年的奋斗后，他的人生终于闪烁出了耀眼的光。

什么是生活？就是偶尔会跟家人拌嘴，奔波于城市的各个角落，承受着悲欢离合的尘事，有烦恼、牵绊和纠缠不清的琐事……生活就是过日子，就是这般的真实，充满残缺，真的无须耿耿于怀。很多时候我们追求的圆满也不过是想象中的圆满，只是一种约定俗成的观念，或是一种道德标准，是对人或事物的比较中产生出来的对比结果，是人们站在不同的角度对人、对事作出的一种评判。

苛求完美，苛求圆满，只能给自己更多的心理压力和折磨。换个角度想想，也许错过的根本就不是我们真正需要的；失去的本就没有我们想象的那么好；真实的、不完美的自己，也没有我们想象中那么不堪。一切，只不过是我们的内心在刻意地设计圆满，力求完美罢了。或许，当我们接纳了自己的“缺憾”，接纳了生活的“缺憾”，前行的脚步也会变得更轻快些。

生活不是上天为了原谅我们而故意设下的陷阱，它也不像拼字游戏，不管你对了多少，错了一个就满盘皆错。生活就像是棒球赛，即便是最好的球队也会输掉三分之一的比赛，最差的球队也有它辉煌的一天。我们的人生，不求多么完美，只求赢多负少便够了。

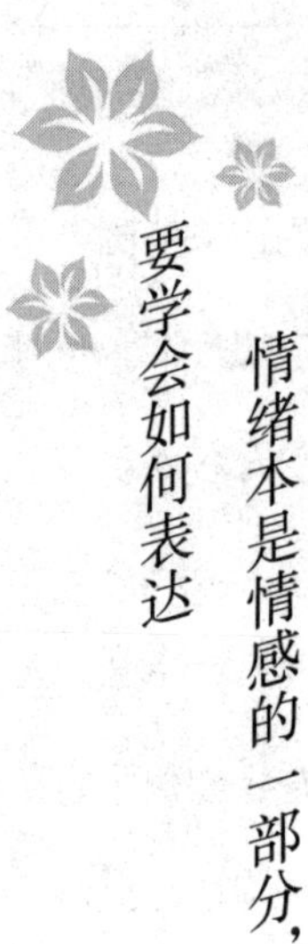

情绪本是情感的一部分，要学会如何表达

细心的你，可能会发现这样一个现象：大大咧咧的人，不管遇到什么事情，也许当时撕心裂肺、痛不欲生，但那股坏情绪不会停留得太久。而活得仔细、小心谨慎的人，哪怕碰到的麻烦已经解决了，内心的郁结依然迟迟散不开。

为什么会这样呢？原因就是，前者的情绪和自我认知是一致的，即：遇到了这么痛苦的事，我就是想哭，难过没什么错；可后者的情绪和自我认知是相悖的，即：我不该这样失态，沮丧是不好的，歇斯底里是不对的，这不该是一个成熟、有修养者所为。

情绪是人类很自然的心理和生理反应，本身不受意愿的控制，说来就来，说去就去。碰到危险的刺激时，害怕的生理反应和心理感受瞬间就会冒出来，促使我们有更多的能量产生警觉或逃走；有外人侵犯我们时，怒喝可以吓退敌人或争取到生存的空间。同时，情绪也是情感的一部分，人类正因为此，才有了丰富的情感生活。

面对这样一个很自然的现象，你要硬生生地否定它，把它压抑下去，显然是违背自然规律的。生而为人，就要允许自己有情绪，不加指责地承认情感的真实性，不加指责地承认自己有产生和表达这种情感的权利。

很多女性追求完美，希望能够活得优雅，富有修养，认为把情绪表达出来是一种不稳重的行为，她们理想中的自我应当是成熟的，凡事都能藏在自己的心里。事实上，这是一种不负责任的做法。虽然某些消极的情绪不值得肯定或赞同，可如果你否定了它，它反而会把你缠绕得更紧。不管是谁，都应当允许自己表达情绪，并学会表达情绪。

情绪不表达出来，就没办法向周围的人传递你内心的信息。这些东西困在心里，终有一刻会彻底爆发，让你失控。情绪不表达出来，等于剥夺了得到你所希望的结果和行为的机会，比如你喜欢一个人却不肯说，那你就失去了他积极回应你的机会。

你为什么是你？因为你有独特的个性，而情绪也是个性的一部分。你关闭了表达情绪的大门，就等于关闭了让他人靠近你内心的机会。情绪的释放，只在于你选择用什么样的方式去表达。

前面我们也提到过，许多不敢表达情绪的人，是因为内心对情绪存在偏见，认为某一种情绪是好的，某一种情绪是坏的。事实上，每一种情绪都有其价值和意义，而掌控情绪的前提，就是认识和接纳每一种情绪，认识到人生中的每一件事都是让人生变得更好的机会。

你讨厌痛苦，可痛苦能让你回到此时此地的现实之中；你不愿背负内疚，可内疚能让你重新检查自己的行为目的；你不愿悲伤，可悲伤会让你找到目前的问题所在，并改变某些行为；你厌恶焦虑，可焦虑能引起你的注意，让你多为未来做准备；你逃避恐惧，但恐惧能动员起全身心，让你保持高度清醒，应对险情……这些痛感，从某种意义上来说，也是一种动力。

生而为人，我们都要允许自己有情绪，也要接纳自己的各种情绪，然后再想办法正确释放负面的情绪。记住：任何一种情绪，如果能被妥善利用，都能让生活变得更好。

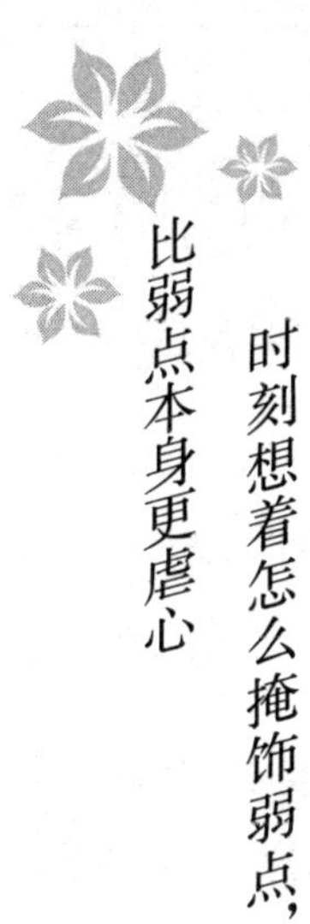

时刻想着怎么掩饰弱点，比弱点本身更虐心

女孩H从一所普通大学毕业后，只身一人到北京打拼。由于没有工作经验，社会阅历也不多，她在工作上频频出错，总是受到上司的批评和同事的埋怨。原本就无所依靠的H，骤然觉得世态炎凉，对待工作也变得战战兢兢，生怕出点差错被人否定。

渐渐地，H多了一个毛病，对批评之事特别敏感。只要听到周围的人稍微说她点什么，哪怕是对她的穿着有不同意见，她都会激烈地辩驳，或是一脸沮丧地表示不满，表达出强烈的抵触情绪。

H特别抗拒集体活动。公司里都是年轻人，见多识广者不少，多才多艺的也很多，H没什么特长，唱歌还跑调，跳舞就更不用说了，生怕在人前出丑露怯，遭到嘲笑和贬低。自入职起，有三次公司组织的聚会她都推托了，这也让她跟同事之间的关系变得愈发生疏和冷漠。

不难看出，H的所有表现都是自卑心理在作怪。她的自尊心很脆弱，不是想着如何做好工作或是与人沟通，而是琢磨着如何不在人前出错，不遭人批评，不被人看笑话。所以，当她受到非议和批评时，就会出现痛苦和沮丧的情绪，引发抵触反应。

陷在这种情绪中，H根本无法进行正常的工作和人际交往，适应环境的能力不断降低，反应阻滞，导致越怕出错越出错的恶性循环。当她感到无力承受时，就会做出逃离的举动，回避那些可能会让自己出错的环境，尽量不参与任何群体活动。然而，越是这样封闭，她的自尊心就越脆弱，也越发畏惧否定和批评。

我们都应当清醒地认识到一点：人不是机器，都会犯错、都会心急、都会经历失败和被人批评，这是再正常不过的事情，我们应该平静接受。

作家王蒙在《我的人生哲学》里阐述过一个心理“不设防”的观点：

“不设防还因为不怕暴露自己的弱点。弱点总是要暴露的，正像优点也总会有机会表现出来一样。而对待自己的弱点的坦然态度，正是充满自信从而比较容易令他人相信的表现。只要你确有胜于人处，长于人处，某些弱点的暴露反而更加说明你的弱点不过如此而已，而你的长处，你的可爱可敬之处，正如山阴的风景，美不胜收，那还设什么防呢？”

很多时候，我们总在想：如果我做错了，会不会被当成笑料？如果我这样做，会不会有人不高兴？如果我回避，是不是一切都会照常？

去看看那些活得潇洒自信、笑靥如花的人，他们也不是超人，也会错误百出，也会哭泣吵闹，但这些并未遮住他们身上的光芒，为什么？因为他们不会被自己的情绪束缚，不会刻意掩饰自己的弱点，活得真实，才能活得潇洒。

皮克·菲尔在其著作《气场》中讲述，曾有一位女士向他寻求帮助，原因是她觉得自己在和人交往方面都不如自己的丈夫，甚至在好心好意的情况下都会经常做错事，这些痛苦一直纠缠着她。皮克·菲尔听后，给这位女士写了一张卡片，上面并没有什么让人觉得惊奇的秘诀，只是一些改变自己、改变心态的句子。

然而，就是这些句了，却让这位近乎对生活感到绝望的女士走出了自卑和压抑，并深刻地认识到：谁都不可能因为自己的痛苦而让情况发生转变，要想生活得更好，就必须先改变自己，只有改变自己，才有可能创造奇迹。

身体上的残缺、能力上的不足，都不是耻辱，真正耻辱的是不敢面对，试图用掩盖和逃避的方式来“撑门面”。丢掉那颗敏感的“玻璃心”，不要因为自卑而忧郁、胆怯地活着。诚实地面对自己，发挥优势，对自己的弱点别过分关注，人生才会褪去灰色，散发光芒。

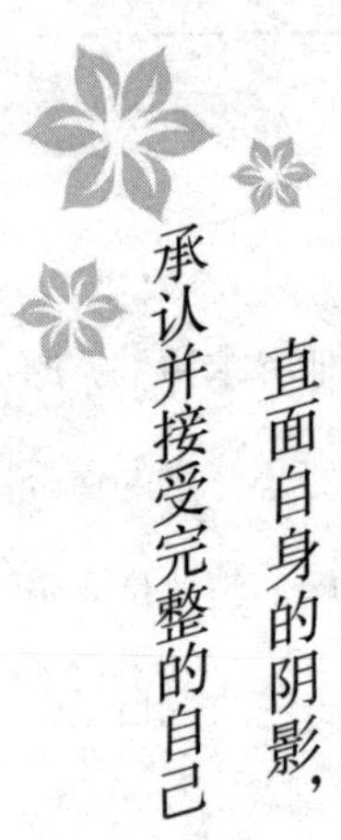

直面自身的阴影，承认并接受完整的自己

美国犯罪小说家帕特里夏·海史密斯在其代表作《天才雷普利》中，成功地刻画了一个内外相斥的人，他就是主人公雷普利。雷普利是一个颇具才华的青年，有野心、有抱负、有能力，擅长伪装，会模仿任何人的笔迹和声音。他渴望成功，渴望金钱，渴望权力，渴望地位，只是这些他都不曾拥有，倒是船王的儿子迪奇，过着他想要的生活。

雷普利羡慕迪奇的人生，他不想让任何人知道自己的贫穷和卑微，尤其是他心仪的富家女梅尔蒂。于是，雷普利慢慢地融入了迪奇的生活，并被他的生活形态所迷惑，在无法说服迪奇回国后，欲望让雷普利失去了理智，他杀死了迪奇，并设计圈套从船王手里得到了一大笔钱，以迪奇的身份开始生活。就在雷普利陶醉于自己亲手打造的美梦中时，他因一次意外的巧合露出马脚，引起了警方的怀疑，警方开始对他进行调查。

雷普利竭尽所能地去伪装他人，从心理学上说，是因为他不敢面对真实的自己，不认同真实的自己。文学作品总有夸张的成分，现实中像雷普利一样自我否定到近乎畸形的人并不多，但和他一样不愿意接受自我的人却不少。

有些人总认为自己不够优秀，或者对自身的某种缺陷耿耿于怀，总认为自己不如其他人。这种想法无形中成了一把枷锁，让他处处否定自己，纵然他的实际能力比他所认知的要强大一万倍，他也无法淋漓尽致地释放出这些能量。

试问世间哪有真正完美的人？谁都会有缺点和不足，无论是性格上的、能力上的，还是身体上的，但这不过是生命中的某一方面，它代表着你，但不代表你的全部。

人应当完整地接纳全部的自己，而不是有删节的自己。很多时候，才华和潜能就隐藏在你的伤疤里，你若总是嫌弃它，试图隐藏它或抛弃它，可能就会陷入自卑中，错失很多机会。

某知名企业总裁曾说："我不怕员工能力不足、经验匮乏，我最怕的是员工碍于自身的缺陷畏首畏尾，不敢放手拼搏。这样一来，他的许多潜能都被限制了，很难有大的突破。"说完，他讲了亲身经历的一件事。

"我的公司里有一个女职员，论能力和样貌都算得上佼佼者，唯独手上长着一块极其丑陋的胎记，拇指长得又粗又短。如果单看她的那只手，很难跟她本人联系在一起。正因为此，她总是避免去做一些让别人可能关注到她手的事情。

"有一回，公司收到国外客户寄来的一些样品，在跟同事一起把东西往我的办公室搬的时候，她发现同事的眼睛似乎直勾勾地盯着她的手看。她一下子就慌了，赶紧把手往包裹的下方挪，企图把拇指和胎记掩盖起来。结果，这一慌就出了岔子，东西掉在地上摔坏了。

“时隔不久，公司派她向媒体演示新开发的产品，由于中途计算机出了故障，只能找一个人跟她搭档进行演示。这让她很为难，她每碰一下鼠标，每敲击一下键盘，每做一个手势，都可能会让身边的搭档看到自己手上的缺陷。她脑子里一直想着这件事，以至于在发布会上根本无法专心演示，且动作看上去僵硬极了，与这个新产品倡导的“流动的科技”形成了巨大的反差。演示完毕后，台下的人没有感受到新品的新颖之处，而是纳闷为何这么一个有实力的大公司，非要让一个表情僵硬、逻辑混乱、表达不清的人来做演示呢？

“有一天，她跟我汇报完工作，我突然说起她最忌讳的事：‘你手上的是胎记吧？’她慌忙把手往后藏，脸色大变，含糊地‘嗯’了一声。我意味深长地说：‘我身上好几块呢！这可是每个人独一无二的标志啊！’

“听到我这样说，她的神情不那么紧张了，轻声地告诉我：‘这块胎记是我的心病，一直害怕别人看见和说起。’当她把胎记和短粗的拇指暴露在我眼前的时候，我笑着说：‘你没觉着，这块胎记像一颗心吗？’接着，我又看着她的拇指，告诉她，‘我们老家有个说法，长着这样拇指的人是富贵命。’

“她一直以为，把缺陷摆在他人眼前定会被人取笑，听到我这样说，她才意识到，这不过是她自己的想法罢了。自那以后，她就慢慢地不那么在意自己的缺陷了，无所谓别人知不知道。结果表明，没有谁嘲笑她，别人对她的态度和从前没什么两样，而她自己的变化却很大。不再纠结于自己的胎记和拇指后，她对工作更专注了，做得也比以前更好了。”

许多人都有过和这位女职员一样的情绪体验，或是因为个子矮、身材臃肿、说话结巴，或者是有其他方面的缺陷，总是想：为什么自己如此“特殊”？会不会遭到别人的嘲笑？不敢坦坦荡荡地把真实的自己呈现在别人面前，结果，越是掩盖，缺陷越容易被人关注，因而越来越自卑。

荣格说过：“幻想光明是没有用的，唯一的出路是认识阴影。”

只有直面自身的阴影，承认和接受完整的自己，才能够获得心灵上的自由，消除压力，滋生积极的力量，以轻松的心态去迎接生活。

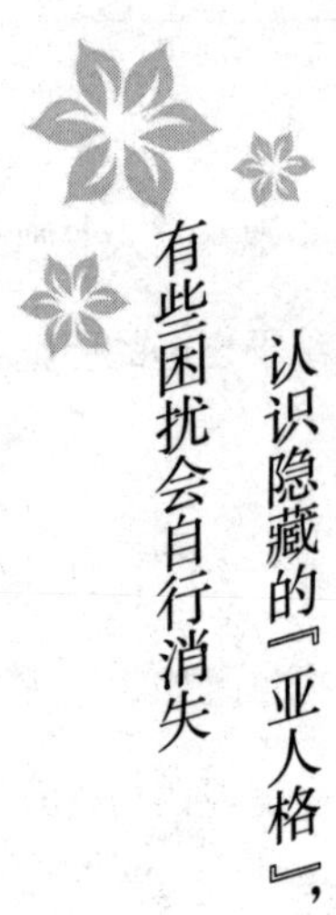

认识隐藏的『亚人格』，有些困扰会自行消失

Anna在一家外企担任人力资源主管，算得上是年轻有为的职业经理人了。她深受老板的器重，跟部门员工的关系也很好，可她活得并不轻松，内心总是被一些情绪困扰着。

原因是Anna对外界的批评很敏感，害怕听到任何否定的字眼。她强烈地渴望获得他人的赞美，经常沉浸在自我欣赏的旋涡中无法自拔。如果有员工给她提意见，哪怕态度很委婉，语气很温和，她也会感到莫名的愤怒，但出于礼貌和修养，又不得不压抑这种情绪。

Anna被这种情绪折磨了两三个月，痛苦不堪，无奈之下，只好去找心理咨询师求助。咨询师在治疗阶段，让Anna对着镜子反复说一句话："我很虚荣。"

起初，Anna说这句话时总是皱着眉头，甚至有想哭的欲望。她很难接受自己的这种特质，因为她从来没有意识到，内心的困扰是由于虚荣心在作祟。

很多时候，我们都跟Anna一样，拥有一个隐藏起来的自己，这个自己有着独特的个性，代表着我们的某一种特质。可能是因为社会角色或周围环境所限，没有办法将这些隐藏的人格完全地表现出来，但它们并未消失，反倒不时地给我们带来困扰。这些隐藏的特质，就是我们的“亚人格”。想追求情绪的平和，就要跟内心的亚人格对话，这样才能释放负面的情感，从表层、虚假的自我中解脱出来。

为什么Anna在最初大声说“我很虚荣”的时候，会感到难以接受呢？

综合心理学家罗贝托·阿萨吉欧利说：“我们某种东西被我们认为是自身的一部分，那我们就很容易被它控制。如果我们将它跟自己区分开，就可以控制它。”这句话要怎么理解呢？其实，就是要我们学会寻找和鉴别自己内心的亚人格，并跟它们进行交流。

我们可以给每一种亚人格取个名字。比如，当你发现自己的内心有虚荣的特质时，可以把这种亚人格命名为“容易虚荣的XX（起一个不用于你的名字）”。你还可以将其视为自己的一个朋友，与之进行交流。此时，第一人称转化为第三人称，可以更加客观、真实地看待自己。

到底该怎样跟亚人格进行交流呢？有心理学家提出了一种具体的、形象化的练习。

先闭上眼睛，假设一个场景（如果你是女性的话）：你坐在一辆公交车上，车厢里挤满了各式各样的“自己”：有衣着光鲜的、有邋遢不堪的、有乐观开朗的、有萎靡不振的……总之，你可以看到各种女性的形象充斥在你的周围。有一些是你根本不想看到的，甚至是你极为厌恶的，但你必须跟车上所有的人交谈，直至彼此了解为止。如果你能够跟她们相互交流、彼此了解，就能够做到真正地与自己的内心对话。

Anna是这样描述她想象中的情景的：

一位穿着光鲜、眼神傲慢的女士，向我展示她新买的包包和衣服，她告诉我，她叫“虚荣的贝儿”。她对我说：“你不要用这样的眼神看我，我知道我有点儿虚荣，但我炫耀的东西，都是靠自己的努力得来的，希望你不要戴着有色眼镜看我。”她还跟我说，我的内心也有虚荣的部分，可就是不愿意承认，总害怕别人说自己不好。其实，好不好是自己的问题，跟别人有什么关系呢？

在这样的对话中，Anna逐渐接受了那个隐藏的自己，不再刻意压抑自己的亚人格。

其实，只要能够发现并接纳自身那些“不好的特质”，内心的困扰就会减少很多。这个时候，我们就能够自由地控制自己，表现出自己最积极、最完整的一面。真正了解了自己，接纳了自己，也就能够拥有更多的正面情绪了。

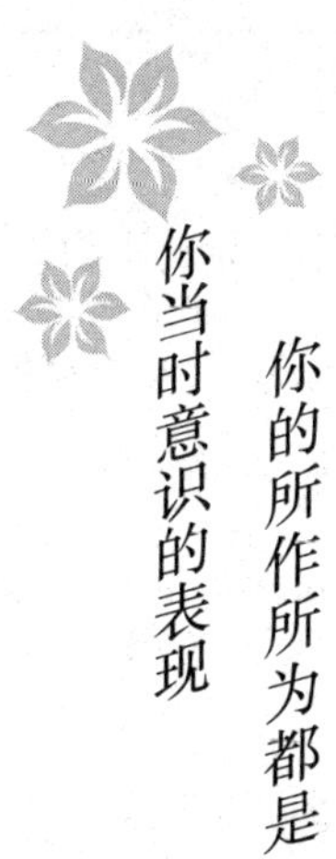

你的所作所为都是你当时意识的表现

N小姐失恋了。

回想起跟恋人的点点滴滴，她心中有百般不舍。彼此不再联系的日子，她就像丢了魂一样，整个人萎靡不振，做什么都提不起精神。想跟朋友倾诉，还没开口眼泪就掉下来，满腹的委屈让她无力承受。

分手的原因，男友说是两个人性格不合，可直觉告诉她，事情没这么简单。果不其然，在分手以后，她就听别人讲，男友跟另外一个女孩在一起了。N难以接受这个事实，可又知道自己无权去干涉对方，心里只剩下一连串的自责和后悔。

相恋的两年时间里，N总是摆出一副“公主”的姿态，让他哄着、宠着。她想，可能就是因为自己太“作”了，他才转身离去。今天这一切后果，全是自己酿成的，怪不得任何人。她总在幻想：如果他能回来，她肯定不会像原来那样。

不仅如此，N还托人弄来他那个新女友的照片，对比自己和她的不同。这一比较，N更加自卑，觉得自己皮肤没人家白、身材没人家好、赚钱好像也没人家多……她更是把自己贬到了尘埃里，甚至觉得男友离开自己是“应该”的。她一直埋怨自己：如果早点儿减肥就好了，如果能多在工作上努力就好了，那样的话，也许他就不会离开。

爱就爱，不爱就不爱，感情之事是没有那么多条条框框的。就算是外在条件再不好的人，也可能拥有一份忠诚而美好的爱情；即使是万里挑一的条件，也可能碰到不爱自己的人。像N小姐这样，把失恋的原因全都归咎于自己，就是过度自责的表现。

过度自责是一种向内的自我攻击，超出了我们通常所说的自我批评的范围，而是类似于自责妄想。最明显的表现就是，过分地贬低自己，毫无根据地认为自己不够好，甚至一无是处。

其实，真的是N不够好吗？真的是她做错了吗？不一定的。她之所以这样想，不过是无法接受男友已经不再爱自己的事实。可无论她的自责多么深刻，多么悲情和绝望，都无法改变两人已经分手这一现实。

陷入过度自责中的人，往往会损害正面的自我评价，变得敏感、郁闷、沮丧。过度自责的实质，是逃避现实责任的一种自我保护机制，也可能是内在心灵和外在环境的心理冲突。这些都是人格不够健全、思维模式偏激导致的。

要走出自责的陷阱，最重要的是处理好自己的情绪，并能够通过对自我情绪的感知与觉察，更好地认识自己，调整自己，为自己的人生和选择真正地负起责任。

每一段感情都是一次成长，都是一面镜子，可以让我们在关系中更好地看清自己。N小姐遭遇了失恋，可在伤痛之余，她也应当学会正视自己的问题，比如“依赖感太强”“喜欢黏人”“用发脾气的方式去获得对方的关注”，究其根源无外乎是缺乏安全感、自我价值感不够。如果这一点不改变，就算再重来一次，或是再遇到另外的人，还有可能会重复这样的相处模式。事情本身是不会改变的，只有人变了，事件的发展走向才会变。

一个人能够从过去的行为中汲取经验教训，对于自信的形成极为重要。然而，为过去的事情后悔自责，并不等于从中汲取经验。汲取经验的意思是，基于你的意识尽可能地承认问题，分析问题，避免再犯相同的错误。不要把宝贵的时间和精力浪费在过度自责上，这种负面情绪只会阻止你改变目前的状态，它会让你的意识停留在过去，无法积极地面对现在。

可能你会问：我要如何原谅自己呢？每每想到，都觉得悔不当初。

有句话，也许值得你铭记于心：“你的所作所为都是你当时最好的表现，即使这个‘最好’是有过失或不明智的。”你的每一个决定和行为，都基于你当时的意识水平，你不可能超越目前的意识水平，因为它是你理解一切事物的基础。有缺陷的意识，必然会导致一段有缺陷的经历，不久后你就会为自己的行为感到后悔。

我们的行为都是用来满足需求的手段，可能是“明智的”，也可能是“不明智的”，但不能就此判断我们这个人究竟是“好”是“坏”。从本质上来说，每个人都是美好的，只是在某一时刻基于错误的意识行事而已。

停止过度自责吧，把“责备”变成“负责”，为自己的人生和选择担负起责任，意识到问题本身的存在，用积极的态度去面对，不但糟糕的情绪能够缓解，你的态度、你的习惯，乃至你的人生，也会跟着一起改变。

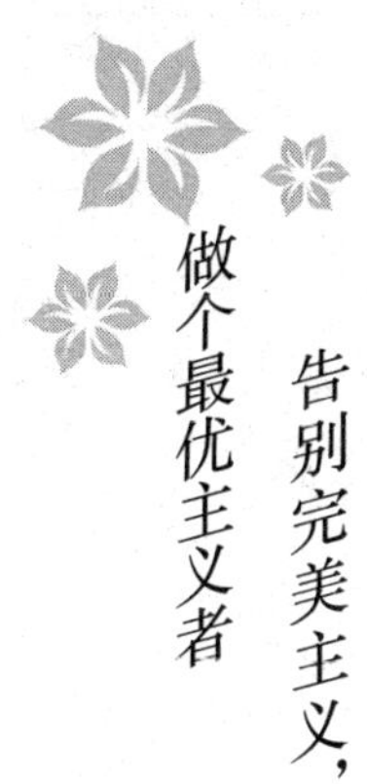

告别完美主义，做个最优主义者

你是不是经常会为了一些事没有做好，或是没能达到预期的效果，而陷入懊恼和烦躁的情绪中？你是否很讨厌失败，总想极力地避免这种事的发生，可无论怎么努力，似乎总是事与愿违？你极力地追求生命的完美，不允许生命出现任何瑕疵，可生活中的那些障碍总是频频冒出，让你产生极大的挫败感?

如果这些问题的答案都是肯定的，那你就是一个典型的完美主义者。很可惜，这个世界本就不存在绝对的完美，任何事物都会有瑕疵，这就意味着，你的理想和现实会不断地发生冲突，而你也会长期遭受挫败感带来的情绪困扰。

文森特在成为白宫法律顾问之前，职业生涯一直是很顺利的。据他的同事讲，他在事业上没有经历过任何挫折，连一点小失败都没有。后来，由于出现了政治丑闻事件，他深感内疚。这件事让他觉得自己很失败，他没办法接受自己出现任何纰漏，最终选择了自杀。

仅仅一次的失败，真的意味着整个人生都沦陷了吗？其实，这只是完美主义者的偏执想法。英国作家琼恩在她的演讲中，是这样看待失败的——

“失败只是意味着剥去了生活中无关紧要的东西……现在，我终于自由了，因为我最大的坎坷已成为过去，而我依然健康地活着，这就是上天对我最大的恩赐。曾经横亘在我生命旅程中的那些障碍为我重建了生命的扎实根基……失败并不是完全意味着不幸，它给我带来了内在的安全感。失败让我认识了自己隐藏的、未知的那一部分，而这些是无法从其他事情中学到的。

“通过这些失败的激励，我培养了强大的意志力，具备了比我想象的更强的自律性，我觉得自己曾经经历过的那些坎坷比红宝石还珍贵……当你认识到挫折可以使你变得更强大、更加充满智慧的时候，你才真正具有了生存能力和面对压力的生命张力。只有你本人经历了失败的考验，你才能真正认识自己，也就能够更加坦然地享受未来的成功。”

不少心理学家从能否从容地接受失败的角度，把人的心理划分为两种：一种是“消极的完美主义”，即我们常说的“完美主义”；另一种是“积极的完美主义”，也就是“最优主义”。

两者的区别是什么呢？完美主义者，拒绝接受现实中的失败，认为人生就该是一帆风顺的，他们只关注结果，思维比较极端，习惯搜索缺陷；最优主义者，认为人生旅程可以出现坎坷，能够接受失败，并从中得出经验，具有变通性的思维。

如何才能从一个完美主义者，转变为最优主义者呢?

哈佛大学积极心理学与领袖心理学讲授者泰·本博士提出了3个“P”理论：

· Permission——允许

接受失败和负面情绪是人生的一部分，要制定符合现实的目标，采用“足够好”的思维模式。不必要求自己非得达到令人望尘莫及的高度，符合60分的标准，就要给自己一些鼓励和认可，不必非得达到100分的标准，才认为是好的。

· Positive——积极面

看事物的时候，要多寻找它的积极面。即便是失败，也要把它当成一个学习的机会，看看是否能够从中学到点儿什么。

· Perspective——视角

心理成熟的人，具备一项很重要的能力，就是愿意改变看待问题的视角。

你可以问自己：“一年后，五年后，十年后，这件事还这么重要吗?”当我们试着从人生的大格局来看待问题，就像拍照时拉远了镜头，视角会变大，能够拥有一个更宽阔的视野。

如果说，追求完美的目的是为了体验幸福，那么不苛求自己，本身也是一种幸福。不要再为不完美的瑕疵为难自己，我们对事情的主观解释决定了它们在我们眼中所呈现的样子。很多时候，对失败的恐慌和极度反感，很容易让人生陷入困境；从容地接受不完美，试着从另一个角度看待失败，反倒更能靠近想要的目标。

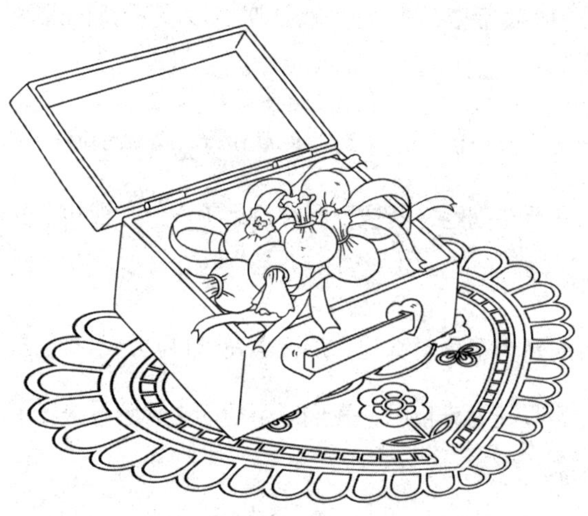

倾谈

04

愤怒不是错，错在随它做傻事

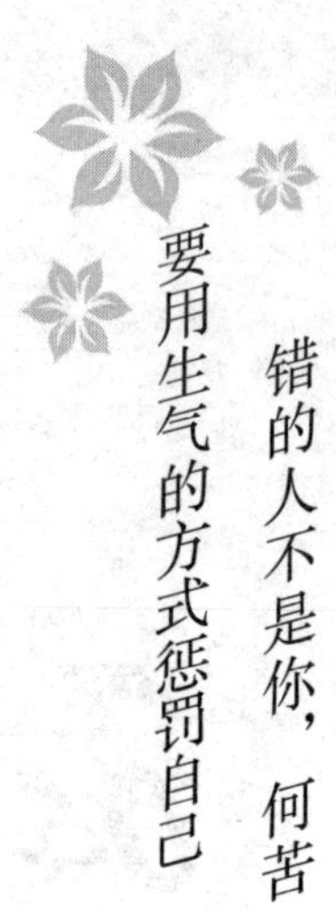

错的人不是你，何苦要用生气的方式惩罚自己

德国哲学家康德说：“生气，是用别人的错误来惩罚自己。”

这句至理名言，她读中学的时候就听过，可真正教她领悟其含义的，却是母亲。

那年，她正读高三。因为学校离家很远，回去一次要折腾不少时间，还得花几十块钱的路费。当时，家里的条件不是很好，所以她总是一个月才回去一次。就算是清明节这样的小长假，只要没到“探家周”，她都会待在学校，从不例外。

某个周末，班里的同学都回家了。吃了午饭后，她买了一袋瓜子，带着一本厚厚的英语书，走进了空无一人的教室。到了晚上，她把地上的瓜子皮打扫干净，就直接回了宿舍。

周日下午，学校要求高三学生上自习。班主任在门口站了一会儿，就让大家停下来，说有事要讲。班主任说：“谁在扫完地之后，在教室里吃瓜子了？”没有人回答，见此情景，班主任发火了，问：“还没有人承认吗？”

她看到了那堆瓜子皮，知道那与自己无关。可她心里还是害怕，一直在犹豫：要不要告诉老师我周六下午吃了，但已经打扫干净了？最后，她去找了班主任，讲明了自己的来意，并坦白说周六那天自己吃过，但已经打扫干净了，今天的事与她无关。

然而，班主任根本没有听她把话说完。当天，班主任在教室里当着所有同学的面说：“我就知道，有些人不自觉。做了就做了，坦白承认也行，还非要找借口。我早就知道是谁，不要以为我看不出来。像这样的人，以后不可能有什么大出息。”

她心里很难过，很委屈，当场就止不住流泪了。那天晚上，她胡思乱想了很多。此后，她对班主任心存芥蒂，不再听班主任的课，上课时她就在下面做自己的事。到了模拟考试的时候，她的成绩退步了很多，总分连普通本科线都不够。

回家时，她没有提考试的事，母亲见她情绪不高，也就没多问。在宁静而安全的氛围里，她抑制不住内心的委屈，把事情的原委告诉了母亲。母亲温和地说：“这不是你的错，你也不需要用别人的错误来惩罚自己。你用这样的方式对抗，就是在跟自己过不去，就是在赌自己的未来，不值得。这世界上的人有很多种，不管遇到哪一种，都要用平和的心去对待。要记住，你永远不能改变别人，只能改变自己，让自己不生气。”

这件事引发的后果，以及母亲的这番话，给她上了人生中最重要的一课。她消除了心里的芥蒂，不是刻意控制自己不生气，而是真的想通了——

没有必要把宝贵的时间和美好的未来浪费在对别人的埋怨和痛恨中。这样的思维方式，后来一直伴随着她，彻底改变了她为人处世的态度。无论对生活还是对工作，她都不会轻易发怒，不会让别人的错误影响自己的进步，也不会让别人的错误成为自己的包袱。

印度诗人泰戈尔说过："不让自己快乐起来，是人最大的罪过。"

生气就是跟自己过不去；生别人的气，就是在为难自己。面对他人的过错，能够做到心平气和、泰然处之的女人，才是生活中的智者。毕竟，你再怎么生气，再怎么难过，对方也不一定会因为你的愤怒而清醒地认识到自己的错，也不一定会立即改正。与其这样折磨自己，不如放宽心，忽略那些扰乱心灵的浮尘。错不在你，你又何苦为难自己？

一则寓言里讲道：一位高贵的妇人，经常为一些琐碎的事生气。久而久之，她变得一身戾气，身体也大不如从前。她很苦恼，便去求一位禅师指点迷津。

禅师听了她的讲述，一言不发，接着就把她一个人锁在了禅房里。妇人气得大骂，可不管她的骂声多高，禅师都不理会。妇人开始哀求，禅师仍是充耳不闻。妇人喊叫得累了，见没什么效用，也便沉默了。

禅师来到门外，问妇人："你还生气吗？"

妇人高声说："我只为我自己生气，怎么会跑到这地方来找罪受。"

"一个连自己都不原谅的人，怎么可能心平气和呢？"禅师摇摇头，离开了。

过了一会儿，禅师又问她："你还生气吗？"

妇人说：“不生气了，生气也没有办法。”

“你的气并没有消逝，还压在心里，爆发后会更加剧烈。”禅师又离开了。

当禅师第三次来到门前时，妇人对他说：“我不生气了，因为不值得。”

“还知道值与不值，可见你心里还有衡量，还有气根。”禅师笑着说。

傍晚，当禅师迎着夕阳站在门外，问她是否还生气时，妇人说道：“什么是气？”

禅师听后，笑着把手里的茶水倾洒于地。妇人叩谢而去。

何谓气？就是别人吐出了，你却接到口里的东西。如果吞下去，会觉得反胃；如果不在意，它便自动消失。所以，把别人的愤怒和过错，统统还给他们，那不属于自己，没必要为那些事而停留。

每次发脾气之前，先问问自己：“我的生气能改变什么？别人会不会为我的坏脾气埋单？”如果别人不会，那还是收起怒气吧。气大伤身，有失美丽，任何女人都不想得到这样的结果。无论什么时候，都尝试用平和的心去对待一切，烦恼自会远离。

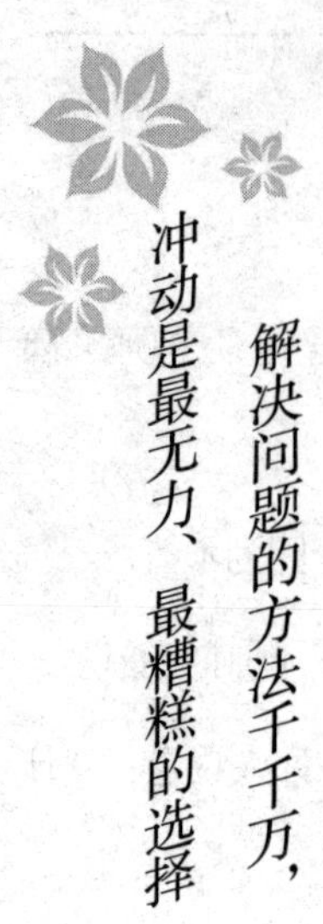

解决问题的方法千千万，冲动是最无力、最糟糕的选择

北京外国语大学的一位女生，因琐事与同学发生纠葛，最终用水果刀猛刺同学17刀，导致其胸、颈、肩、背、上肢等部位受伤，对方被刺破心、肺，在送往医院的途中失血性休克死亡。在法庭上做最后陈述时，面容清秀的她身体微微颤抖，不停地咬着双唇，用细小而哽咽的声音说："我没有蓄意杀人，只是一时冲动……"

冲动，多少人经常挂在嘴边的一个词，几乎所有的过激行为都与冲动有着扯不清的关系。一位经常审理命案的刑事法官曾说："三分之二的命案都是激情犯罪，如情杀、酒后杀人、想教训一下结果失手杀人，这些犯罪没有预谋过程，行为人只是瞬间心理失衡而导致无法预料的后果。"

就算不是蓄意杀人，只是一时冲动，但那些无法再动弹的的生命终究不会重新活过来，意外给逝者家人带来的痛苦也不会减少一丝一毫。在惨烈的结局面前，冲动是最苍白、最无力的一种解释，而对冲动者本人来说，用这种方式来处理问题，也是最无力、最糟糕的选择。

2006年世界杯足球赛决赛中，有一幕情景让众多球迷至今难忘：

法国球星齐达内，在加时赛最后10分钟时，用头冲撞对方球员，以一张红牌为自己的世界杯生涯画上了句号，导致整个球队把大力神杯拱手让给意大利。后有报道称，齐达内当时是受到了对方的言语挑衅，才导致情绪失控。

对多数人来说，可能不会像齐达内这样的球星一样，在赛场上接受能力和心智上的考验，但不要忘了，生活本身也是赛场，时时刻刻在考验着我们。只有在平时多控制自己的情绪，才不至于在大事上出差池。若是一点小事就锱铢必较、咄咄逼人，时间久了，这种情绪反应就会变成一种自然而然的习惯。情绪失控给人带来的麻烦，远不止当时的那一番争执，更多的是对日后的生活、人际的负面影响。

陆小姐是一家公司的业务员，平日里说话很客气，给人的印象是很和善的。谁知有一天，她却对客户发火了，场面很难堪。

事情的经过很简单，她反复跟客户沟通，要求资料要全面、真实，对方也答应了。可到了该交方案的时候，对方递过来的东西却根本不是当初所说的那样。她在电话里跟对方提意见，对方又找各种理由来推脱责任，她越说越着急，最后冲着对方大声地嚷嚷起来。客户不甘示弱，两人展开了一番唇枪舌战。最后，客户撂下一句话："到今天我才发现，原来你是这样的人，拜托以后不要再装出一副和善的样子，令人作呕。"说完，就挂了电话。

这句话直戳陆小姐的心窝。其实，她平常真的很少与人争执，这次的事情纯属意外。可没想到，就是这一时冲动，就是这一次情绪失控，就被人误以为过去的和善都是伪装的。她心里又是懊丧，又是后悔，思维一片混乱，根本无心工作。最后，那个方案被搁置了一周才处理好。

这件事后，陆小姐花费了几天的时间来平复情绪。待心情平静后，她开始反思：如果当时恳切地跟客户谈谈，友善地提出要修改的地方，现在又会是什么样呢？说不定早就按照要求做好了这件事，两人还能成为朋友，后续还能陆续有合作。现在，不仅事情搞砸了，也伤了跟客户之间的和气。

此事犹如一记响亮的耳光，让陆小姐深刻地记住了一点：急躁必毁灭，冲动是魔鬼。

冲动带来的负面效应，有时远远超出我们的想象。只不过当有人触动了自己的尊严或切身利益时，多数人都难以一下子冷静下来，总觉着不把火气发泄出来，怎么都不好过。然而，这样做是不是真的有效呢？

在心理学家看来，这种做法根本行不通，甚至是非常糟糕的。相比之下，他们更建议我们用“重新判断法”来处理即将失控的情绪。说得通俗一点，就是从积极的角度去看待他人对自己的“冒犯”。

举个最简单的例子，当有司机急着超过你的车时，你可以试着告诉自己“他可能有急事”，或者“也许是我开得太慢了”。这样一想，你就不至于犯“路怒症”了，也不会用同样的方式去给予对方回击。

世间所有的争吵都是从“最后一句”开始的，如果有人肯少说一句，事情往往就不会闹得难以收场。所以，在想要发怒的时候，请先忍住10秒钟，不要让伤人的狠话出口。通常，在10秒钟过后，情绪就会得到缓和。别觉着少说一句就吃亏了，咄咄逼人不是强大，真正的强大是能够控制情绪，在沉默中保持理性，彰显自己的修养。

如果你总能恰到好处地驾驭自己的情绪，并以最佳的方式表达出来，你给人留下的必是沉稳、可靠的印象。尽管不一定会因此受到重用，或是在事业上有立竿见影的效果，但你的生活会比不懂控制情绪的人过得更顺畅，人际关系也会更和谐。

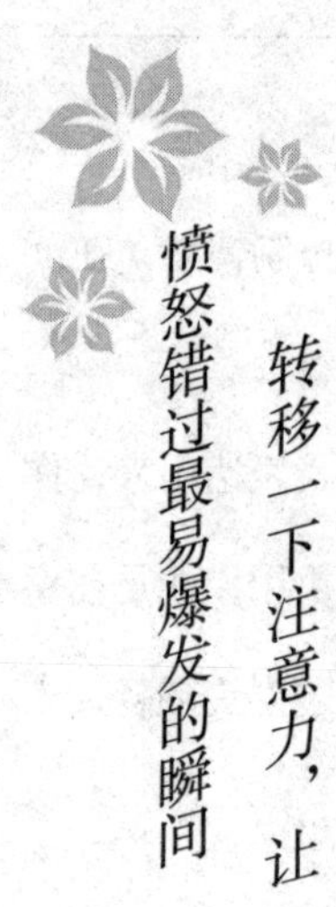

转移一下注意力，让愤怒错过最易爆发的瞬间

美国医学专家米勒做过一个有趣的测试：他向150名有过心肌梗死病史的人和150名健康人提出同样的问题：“服务生不小心把咖啡溅到你身上，公交车上有人不小心踩了你的脚，你喜欢的衣服被人撕破了，你会怎么做？”

有过心肌梗死病史的人给出的回答，多半不是愤怒就是沮丧；健康的人却觉得没什么，并不放在心上，一笑而过。由此，米勒得出一个结论：愤怒和紧张容易引起血管内壁收缩和破裂，且会导致心肌梗死或局部缺血的现象。

这不是吓唬人，医学的相关理论也证实，容易愤怒的人即使没有抽烟、血压、胆固醇、体重、饮酒、家族遗传等其他致病因素，也比普通人更容易出现心肌梗死或心绞痛，他们的发病率比普通人高出三倍。

生理学家约翰·亨特在自己的著作里写到过愤怒对心脏的影响，他说：“让我生气的那些无赖最终会杀死我。”对于这个观点，有些人并不认同，可悲的是，约翰·亨特听到后特别生气，立刻跟对方辩驳，说到激动时，血管急剧收缩，当场倒地，结果不治而亡。

现实中这样的事情也经常会发生，虽说不少人知道愤怒的危害，但总觉得自己不会成为那个最倒霉的人。然而，生活中的墨菲定律，从来都会在心存侥幸的人身上应验。遇到不顺心的事情，有愤怒的情绪很正常，可问题是，要学会用正确的方式把这种负面情绪释放出去。

古时，人们都用脚力极佳的骡子来驮运重物。骡子的体力虽好，可也有一个缺点，那就是倔脾气。一头骡子若是使了性子，四只脚就会像上了钉子一样，固定在地面上，一动也不动。不管主人怎么鞭打，它都不会往前走。

骡子闹脾气时，有经验的主人不会用鞭子去打它，因为他们知道，那样做只会适得其反。他们会从地上抓起一把泥土，塞进骡子的嘴里。骡子吃了泥土之后，就会乖乖地继续往前走。

有人觉得好奇：难道泥土有什么特别的作用吗？其实，根本不是泥土本身的效用，而是骡子忙着把嘴里的泥沙吐干净，全然忘了自己刚刚生气的事情。塞泥土的真正目的，是转移骡子的注意力。

这个方法用在骡子身上有效，用在人身上也一样。转移注意力是人的一种本能，在任何时间段内，我们都能把大脑的注意力转移到其他地方。当愤怒的情绪如暴风雨一样骤然降临时，可以试着转移一下注意力，让它错过最易“爆发”的瞬间，逐渐地冷却下来。

转移注意力的方法有很多，在这里简单介绍几种比较实用的：

· 离开让你产生愤怒的环境。

对大多数人来说，愤怒都发生在特定的环境中。如果在某个时间段、某个地点出现了一件让你感到愤怒的事，你待在那里不动，愤怒感就会越来越强烈。如果离开那个环境，心中的怒气就会渐渐平复或消失。

· 停止思维反刍。

所谓的思维反刍，说的就是头脑里反复出现消极想法的现象。当一件不愉快的事情发生后，反刍会让人比原来更加愤怒，越想越生气。想有效地控制愤怒的情绪，就要学会“思维叫停”，对自己大声地说“停”，不再去想已经发生过的不愉快的事，把注意力转移到其他的地方。

· 利用意象想象化解愤怒。

意象想象就是在头脑中创造出一种情景，利用这种内在的意象来克服愤怒。当你感到生气的时候，闭上眼睛，想象以前发生过的愉快的事情。在重新感受到愉悦情绪的时候，就可以有效地调节愤怒的情绪，慢慢恢复到平静的状态。

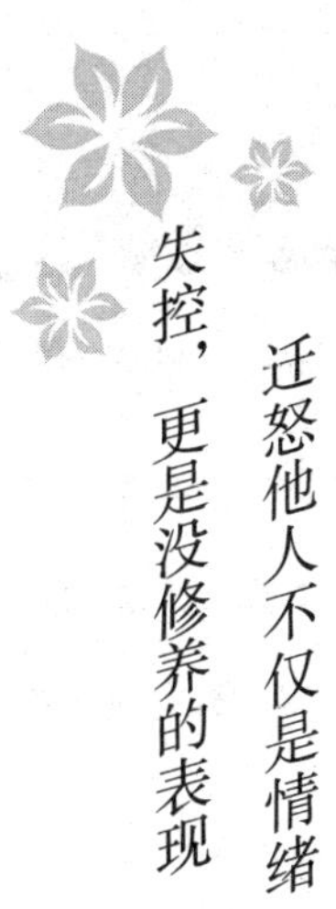

迁怒他人不仅是情绪失控，更是没修养的表现

心，是女人身上最脆弱的地方，一句不经意的话，一个被忽略的眼神，都可能会碰触其情感底线，引发情绪的潮涌。当坏情绪一股一股地涌上心头，出于不得已，女人可能会选择强忍着将其压抑，一次没关系，两次也可以，把烦恼统统咽到心里。然而，这终究不是长久之计，当情绪积蓄久了，就会变成决堤的洪水，若不及时给它找一个引流的出口，就可能一发不可收拾。

一位女业务员坦言，每天在大城市里打拼，背负着巨大的工作压力和生活压力。在公司里，做得不对要被老板批，合作出了问题被客户埋怨，打电话拉业务还要无端地被人辱骂……很多时候，她都选择忍着，默默承受，安慰自己说这都是生活的考验。

很庆幸，身边还有最心疼自己的母亲。之前的那些忍耐，有一半也是为了不让母亲担心，可时间长了，她已经不知道怎么安慰自己了。情绪越来越低落，偶尔会莫名伤感、哭泣，对工作也没了兴趣，感觉生活就是煎熬。

后来，她忍不住在母亲面前发了脾气，把心中的怒气歇斯底里地发泄了出来。她哭了，母亲也哭了。那一刻，她有一种强烈的负罪感。母亲只身一人把她拉扯大，二十几年含辛茹苦，好不容易熬到了现在，还要忍受自己的坏脾气。她觉得自己不孝顺，那些美好与温情，都随着她的怒吼消失在了空气中。

人的情绪在心理学上被划分为三种状态，即心境、激情和应激。

所谓心境，是一种持久的带有渲染性的情绪状态，具有弥漫性的特点，会在很长一段时间内影响人的言行和情绪。良好的心境，会让人以乐观的姿态看待事物；不良的心境，会让人对周围的人和事感到厌恶和烦躁，很容易被激怒。

心境犹如一个天平，让心情达到平和的状态，才不至于倾斜。要做到这一点，就得学会适当地宣泄自己压抑的情绪，为自己找个“出气筒”。然而，这并不是让你将坏情绪发泄到他人身上。如果只图一时痛快，乱发脾气，只会给自己制造更多的麻烦，甚至造成难以挽回的结果。

一位女营业员在收银的时候与同事发生了口角，嘴里不停地抱怨着，面带怒气地为顾客结账。有位顾客不满她的态度，指责了一句：“请不要把你的不高兴带给我们，我们是来买东西的，不是来看你脸色的。”

谁料，女营业员没好气地回了一句：“我又没跟你生气，你管得着吗？”

一听这话，后面排队的顾客干脆换了其他通道，就算等的时间长点，也不愿意让营业员难看的脸色影响自己的好心情。

这一幕恰恰被值班经理尽收眼底，当月，那位女营业员不仅被扣了奖金，还遭到了解雇。服务行业最看重的就是态度，把顾客当成发泄的对象，实在让人难以忍受。更何况，有这样一位毫无职业素养可言的营业员，势必会影响商场的形象。

情绪如同一把双刃剑，控制得好，就能赋予我们一双翅膀；失去控制，就会化为人生路上的坎坷荆棘。我们不能盲目地压制情绪，但也不能任由情绪随意地爆发，在释放心中积压的怨气时，一定要以不伤害自己和他人为原则。

空姐杨尔在一家国际航空公司工作五年。微笑，是她每天的必修课；谦和，是她工作的一部分。或许是职业的缘故，与同龄的女孩相比，她算得上好脾气的那一类人。然而，再好脾气的人也不意味着没有烦心事，没有压力和坏情绪。有时身体很不舒服，心情很不好，还得强颜欢笑，不免会让人觉得烦躁和厌倦。幸好，杨尔懂得自我调节。每飞完一次国际航班回来后，她都会好好“犒劳”自己：请自己吃一顿美餐，送自己一件喜欢的衣服，再去泡个温泉，卸下所有的烦心事。归来之后，幸福地睡上一觉，疲惫感和厌倦的情绪一扫而光。再次投入到工作中，她依旧是一副容光焕发、温婉谦和的样子。

艾米是个知性女人，她释放情绪的办法是写字。在网络发达的时代，她没有选择在微博里发泄，因为她知道在公共平台上宣泄情绪，一旦有人从细枝末节中认出自己的公司和职业，很可能会让生活变得一团糟。那个藏在枕头底下的日记本，才是她最信赖的“出气筒”。情绪低落时，她用一支笔把所有的怒气、怨气都写下来，在合上本子的那一刻，她会长舒一口气。之后，情绪会慢慢地平复下来。用这种方式的好处是既不会伤害自己，也不会伤害别人，还能完全释放内心的压抑。

如果你觉得用物质和享受犒劳自己太奢侈，又没有细腻的心思来写字，那你还可以选择靠运动来发泄，让沁出的汗水带走所有的不悦；或者看一场笑到爆的电影，在大笑中体会极端的心理快感，缓解压抑的情绪；再或者，干脆痛哭一场，让所有的忍耐和悲伤，都随着眼泪宣泄出来。只要给情绪找一个出口，它很快就能平复下来。

世上的人不是孤立存在的，每个人每天都要接触其他人，相互影响。如果无缘无故地把自己的不爽情绪抛给无辜的人，而接到包袱的人，势必会想办法将其甩掉，再传给别人，如此一来，你的不良情绪就变成了一个污染源。

静心想想：迁怒于他人，把对方的心情弄得很糟，自己也没得到快乐，事后还可能会懊悔，实在得不偿失。但愿每个女人都能熟记这一点。毕竟，迁怒于他人，不仅仅是情绪失控，更是没修养的表现。

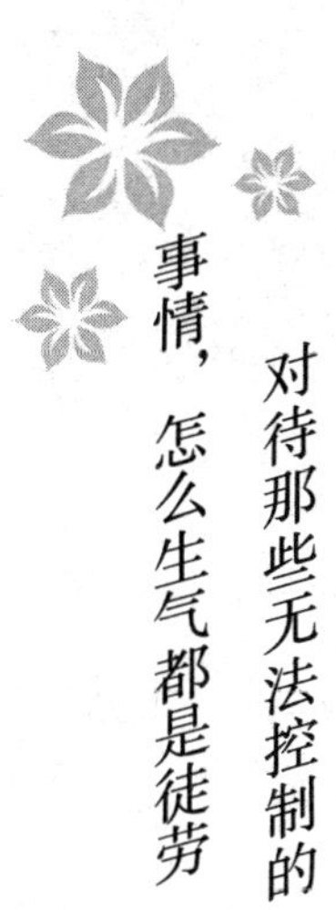

对待那些无法控制的事情，怎么生气都是徒劳

有位先哲给世人留下一句忠告：“要想控制心中的怒气，获得幸福和自由，必须明白一个道理：有些事情我们能控制，而有一些事情我们无能为力。”

掌控生活的前提是明白自己所能掌控的界限，知道什么事情是能够控制的，什么事情是无法掌控的。我们可以控制自己的观念、欲望、好恶，但我们没办法选择出生在一个什么样的家庭、是否生来就健康、拥有什么样的社会地位。对于那些只能眼睁睁看着它发生而我们无法控制的事情，生气是无济于事的，无尽的愤怒只会让我们惊慌失措，扰乱人生的“方向盘”。

医院门诊室外的长椅上，一胖一瘦两个女人并排而坐，都在等待检查的结果。胖女人和丈夫有说有笑，谈论着附近有什么特色菜值得尝尝；瘦女人不停地擦眼泪，冲着丈夫嘟囔着：“要真得了病，也是被你们气的。”

结果出来了，两个女人都得了肝硬化。胖女人很平静，似乎早有了心理准备，询问了一些事情之后，便离开了诊室。她依然和丈夫有说有笑，似乎根本没有把生病的事放心上。瘦女人一脸焦虑和担心，走出诊室时就已经控制不住情绪，怨上天太不公。

半年后，胖女人和瘦女人又在医院重逢。此时，胖女人的病情已经有了好转，而瘦女人却因为长期的精神抑郁、暴怒激动，肝硬化发展成了肝癌。

医生感叹："有时候，疾病本身不可怕，可怕的是情绪和意志。"

人生不如意十之八九，可与人言无一二。工作失意、孩子生病、父母不理解、婚姻令人窒息，扰得多少女人对生活失去了信心，要么选择逃避，要么选择放弃，要么愤世嫉俗，要么自怨自艾，一蹶不振。失意的人一颗心沉浸在愤怒中，咆哮怒吼着：为什么是我而不是别人？

其实，真的没有谁比谁更幸运，逆境多过于顺境，似乎是人生的规律。每个人都会经历痛苦，或早或晚而已，你看到的"幸运者"，也许是未曾迎来真正的风雨，也许是已经坚强地挺了过去。对那些已然发生的、无法改变的事实，就要学会接受，学会淡然，否则的话，就会被残酷的现实击垮。

一位常年在山中修行的禅师，夜里借着皎洁的月光到林间散步，回到自己所住的茅屋时，刚好撞见小偷正在房间里翻东西。他怕惊动小偷，就在门口等着……小偷找不到值钱的物品，准备离开时遇见了禅师。

小偷惊慌失措，不知道该怎么面对。这时，禅师对他说："你走那么远的山路过来看我，总不能空手回去啊！"说完，禅师脱下外衣，递给小偷，"夜里凉，你带着这件衣服走吧。"然后，禅师把衣服披在小偷身上。小偷有点不好意思，低着头走了。禅师望着小偷的背影，说："可怜的人啊！但愿我能送一轮明月给你。"

第二天，温暖的阳光洒在茅屋上，禅师推开门，看到昨夜他披在小偷身上的那件外衣整齐地叠放在门口。禅师很高兴，说："我终于送了他一轮明月……"

遭遇小偷这件事，已经成为事实，不可能再发生改变。与其为此生气愤怒，倒不如坦然接受。禅师控制住了自己的情绪，用平和的语言跟小偷对话，最终用善心感化了对方。他知道，就算当时苦口婆心地劝说，也未必有用，还有可能激怒小偷，甚至被小偷伤害。

当有些事情无法控制的时候，怨天怨地都没用，唯有控制自己的情绪。既懂得时间不会停留，就没必要悲春伤秋；既懂得感情不能勉强，就不必寻死觅活；既了解遗忘是必然，就不会为了一时的忘却而伤感；既明白过去始终不可能消除，就无须遮遮掩掩……心放开了，情绪自然也就平和了。

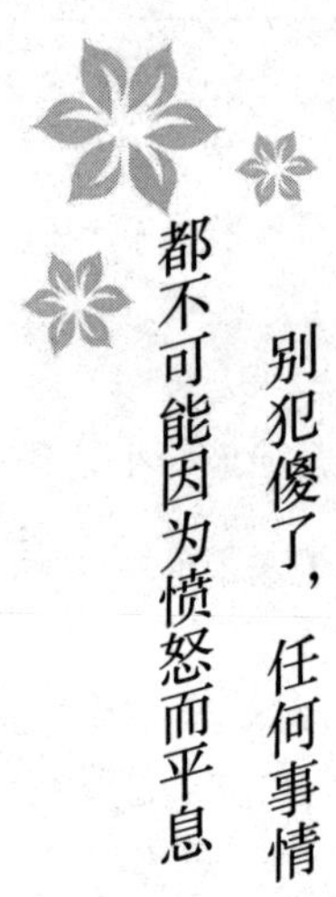

别犯傻了，任何事情都不可能因为愤怒而平息

临近下班的时候，助理白莹因为工作上的事跟业务员静怡发生了争执。两人都是暴脾气，谁也不让谁，一番吵闹后谁也没说服谁，都气呼呼地离开了公司。回到家后，白莹连晚饭都没吃，满脑子都是跟静怡吵架的情景，越想越生气。

晚上，白莹打开电脑，发现静怡给她发了一封邮件。她心里很纳闷：下午刚闹翻，这么快就发邮件来？有什么重要的事不能在公司说，或者是直接打电话呢？带着好奇心，白莹打开了邮件。

她轻轻地点击了一下附件，只听见“砰”的一声响，电脑屏幕上出现了一堆乱码和马赛克，乱码上还有一些鲜红的色彩。除此之外，再无其他东西了。这封邮件就像是一根燃烧的火柴丢在了汽油上，彻底引爆了白莹心里的怒火。她认定静怡是蓄意报复，利用这封邮件给自己传一个电脑病毒，因为她知道，静怡的爱人就是一名程序员。

愤怒之下，白莹拨通了静怡的电话，开口就是一通怒吼："你到底想干什么？你太过分了吧？竟然发病毒攻击我的电脑！咱们不就是工作上有点儿矛盾吗，你至于这样报复吗？"

"……"电话那头的静怡半天都没插上嘴，一直听着白莹的发泄。

"你干吗不说话？是不是自己都觉得太过分了，不好意思承认？"白莹咄咄逼人地质问。

"呵呵……"静怡轻笑了一下。

"你觉得挺开心，很满意，是吗？"听到静怡的笑声，白莹更是生气。

"白莹，你是一个很好的工作伙伴，就是太容易发火了。你看看电脑屏幕右下角，有没有一行绿色的小字？"静怡平静地说，她已经没有了下午时的愤怒，只是语气里又多了一点点的失望和无奈。

白莹看了一下，果然像静怡所说，有一行小字："请退后两步，再看这封邮件。"按照提示，白莹后退了两步，发现刚刚的那些乱码逐渐变成了清晰的"抱歉"二字，而那些大红的色彩，也成了一颗颗温暖的心。

此时，白莹总算明白了静怡的用心，她是用委婉的方式来缓和彼此的关系，而自己却被愤怒冲昏了头脑，把别人的好心当成了报复。虽然后来白莹也主动向静怡道了歉，但在后来的工作中，她还是明显地感觉到两人之间有了一定的距离感。也许这就是"恶语伤人六月寒"吧，有些话说出口了，就再也无法收回了。

世间没有任何一件事是为了生气而去做的，无论结局好坏，生气难过都不是我们的初衷。无论家人、朋友还是同事，聚在一起都是为了有益的目标，而不是为了生气。道理想必所有人都懂，只是做起来很难。

美国著名的精神病学专家曼杰克·亨特曾向自己的病人建议，在感到自己要发脾气前，向自己提三个问题：“这件事是否很重要？我的反应是否恰当？情况是否会有所改变？”

若能认真地回答这三个问题，随意发脾气的毛病就会有所改善，同时还能让我们对一些无法改变的事情抱以平常心。亨特总结的这三个问题不是凭空想象的，而是经过亲身实践的。

有一次，他跟几个医生在一起开会，当他陈述完自己的某个观点后，一个医生竟然认为很荒谬。亨特非常生气，但他并没有在第一时间就反唇相讥，而是冷静地问了自己三个问题：

“这件事重要吗？”他自答：“是的，很重要，我的研究成果不能随意被人轻蔑。”

“我做出这样的反应恰当吗？”他回答：“是的，就算到了法庭上，法官也会认为我的生气是合情合理的。”

“我这样做能改变现状吗？”他回答：“是的，我必须让这个人意识到，如此不尊重别人是错误的，而我的研究成果也将会被更多的人认可。”

在脑海里思量了一番后，亨特对那位蔑视他成果的医生说：“对不起，先生，请你不要用‘荒谬可笑’这样的字眼来评价我的成果。”那位医生随即向亨特表示了道歉，而亨特心里的不愉快也顿时冰释了。

不要用愤怒去解决任何事情，因为任何事情都不会因愤怒而平息。特别是在面对生活中的一些琐事时，多一点雅量和气度，会减少许多麻烦，生活也会变得轻松。

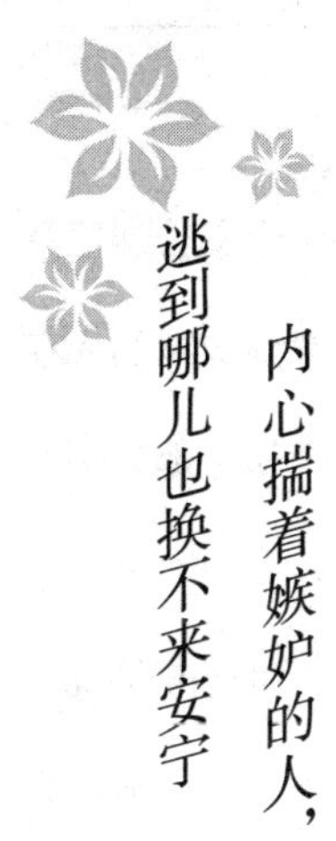

内心揣着嫉妒的人，逃到哪儿也换不来安宁

为了逃离城市的喧嚣，Linda独自一人到海边度假。

清早的海边，寂静清冷。她坐在沙滩上，看到海边有几只螃蟹，其中一只螃蟹努力地想往岸上爬，可无论怎么努力，却始终爬不到岸上。倒不是因为它笨拙，而是它的同伴不允许它爬上去。

不远处，有几位抓螃蟹的渔民。他们把筐子的开口冲着螃蟹，让它们爬进来。筐子有底却没有盖，原本螃蟹可以很轻松地爬出来，可就像眼前看到的这一幕，每只螃蟹都不愿意同类跑在自己前面，一只螃蟹往上爬的时候，其他螃蟹就把它拉下来。最终，没有一只螃蟹得以逃生，都将沦为餐桌上的美食。

她知道，这就是从前在书本上看到的“螃蟹心理”。今日目睹，感触颇深。

人的智商不知比螃蟹高出多少倍，又以道德者自居，可对于嫉妒心这件事，却并未参透。职场上的争名逐利、钩心斗角、诋毁伤害，比辛苦加班熬夜更令人难以消受。她虽然并未做过拉扯别人后腿的事，可看到周围的人在工作、生活、感情上比她优越时，心里也忍不住酸溜溜的，她知道那分明就是嫉妒。

此刻，她看着那些互相拉扯的螃蟹，脑海里已经想象出了可悲的结局。联想到自己，因为别人拥有优越的生活而着急上火，嫉妒生气，日日眼红，时时纠结，到头来能改变什么呢？别人依然过着风光的日子，自己的生活却乌云压顶，看不到一点儿光亮。难道，这一辈子就任由自己在嫉妒中苦闷地过下去？

Linda骤然想起前几日朋友跟她讲的一件事，更是觉得可悲。

一个在IT公司做软件设计的女孩，薪水颇丰，更令人羡慕的是，只做了三四年，就在市区买了一套房子。一跃成了有房一族，很多同事不禁眼红嫉妒，私下里说女孩肯定是遇见了什么人，跟人有什么特别的关系。说得多了，闲话也就跑到了女孩的耳朵里。她哭笑不得，却又感慨万千。

原来，事情的真相并非旁人所说的那样。女孩不认识什么富豪，也没有破坏谁的家庭。她拥有的一切，都是她用一颗肾换来的。

女孩出生在一个小县城，家里条件不太好，自己好不容易读完了大学，可毕业后又没能找到理想的工作。她很希望带父母离开贫穷的老家，在城市里买套房子，让二老告别面朝黄土背朝天的日子，享一享清福。

心愿是美好的，可现实是残酷的。工作之后，她很努力地打拼，可每天早上打开网页看到房价上涨、物价上调的消息，心里都不由得紧张，就靠自己每月的薪水，再奋斗十年，也不可能买一套小户型的房子。

她费尽心思地想办法，想赚更多的钱。于是，在别人休息娱乐时，她跑去做兼职，不辞辛苦。然而，这一切带来的改变微不足道。就在她苦闷无助时，昔日的几位大学同学却不知不觉富起来了。他们似乎并没有自己勤奋，却靠着优越的家境过上了奢侈的生活，步步高升，她求而不得的东西，在别人那里，不用费什么周折就得到了。

残酷的对比扰得她心神不宁。内心的天平，越来越倾斜，她忍不住怨恨："为什么他们要比我过得好？""凭什么我不能拥有，他们却可以？"嫉妒的火焰在她心里放肆地燃烧，让她变得不可理喻。面对别人的得到，她再也不会微笑着送出祝福，反倒是冷嘲热讽，那神情像是不屑一顾，又像是别人亏欠了她。

周围的人也不理解，为什么一个本来热情大度的女孩，现在变得这么刻薄冷漠?

她把问题的答案，归结于自己的一无所有上。

偶然的一次机会，她听到做兼职的同事说，他们老板的妻子患了尿毒症，正等待换肾，可惜一直没有配型成功。如果能配型成功，提供者可得到300万元的酬金。她心动了，便托人帮忙打听。事情就是那么巧，她配型成功了，为了300万，她出卖了自己的健康。

房子如愿以偿地买了，可是想象中的喜悦感荡然无存。湿冷的日子，她的健康每况愈下。她的右手总是护着另一颗肾脏所在的地方，生怕它也会不小心丢了。事到如今，女孩后悔不已："如果能重新选择，我还是想过普通人的日子，有健康的身体，勤恳地工作，住着租来的小屋，得到的是心里的安然和宁静。可惜，一切都回不去了。”

Linda感叹：自己的苦闷和疲惫，还有女孩卖肾换房的悲剧，一切不都是因为嫉妒吗？看别人得到而不平衡，失去风度，失去理智。因为嫉妒，脾气越来越不好，内心越来越暗淡，修养也慢慢消失殆尽。耗尽了一切，生活变得像负重登山一样，有什么意义呢？

短途旅行结束的时候，Linda把那颗嫉妒的心抛向了大海，带回的是一颗上进的心。她想得很明白：与其嫉妒别人的优越，恼火别人的得到，不如专注于自身的提高，把自己和期望的优越拉得更近。

少一点嫉妒，就会少一些痛苦和僵硬，少一些厌恶和尖酸，少一些粗俗和伤害。生活好与坏，终究是自己把控的，把嫉妒赶走，平和地追求自己想要的，坦然地看待自己得不到的，带着这样的一颗心活着，痛苦和愤怒还能在何处扎根呢？

倾谈 05

停止焦虑，重拾自在的生活

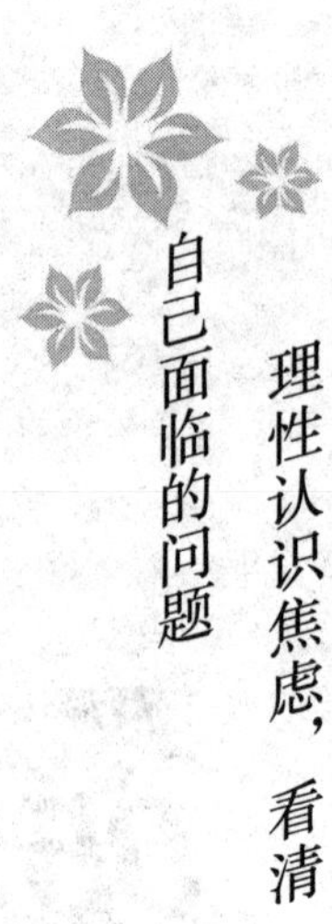

理性认识焦虑，看清自己面临的问题

你有没有过这样的心理体验：相恋不久的伴侣，一旦没有第一时间回复你的消息，你就开始胡思乱想，情绪低落，什么都不想干；对于即将到来的升学考试或求职面试，你心里没有底，担心失败，每天坐立不安，怎么也静不下心来；从来没出过远门的你要去外地出差考察，心里不停地嘀咕，担心自己是否能顺利办成事情，甚至为此失眠……

其实，这些情绪状态都属于——焦虑。按照心理学家的说法，焦虑是指某种实际的类似担忧的反应，或者是对当前或估计到的对自我的自尊心、生存处境、未来发展有潜在威胁的任何情境所具有一种担忧的反应倾向。焦虑以恐惧为主要的情绪特点，还有其他多种情绪成分，如愤怒、痛苦以及内疚感、羞愧等。

短暂的焦虑没什么问题，属于一种适应性的情绪。比如，因即将要进行一场重要的比赛而焦虑，这种焦虑实际上是一种自我调整，只要完成了这场比赛，也就恢复了正常的情绪，且有了这一次的经验后，下一次比赛可能就不会焦虑了。但是，如果因焦虑而导致最终不敢参赛，焦虑就变成了一种症状，再遇到此事还会产生恐惧甚至敌意。

持续性的焦虑比较麻烦，很有可能内化为性格。当一个人长期陷入焦虑的情绪中，内心就会被恐惧、烦恼、不安等体验困扰，行为上出现退缩、消沉等，久而久之还会产生焦虑症。这就如弗洛伊德所说："如果一个个体不能适当地应付焦虑，那么这种焦虑就会变成一种创伤，使这个人退回婴儿时期那种不能自立的状况。"

T从小就很优秀，每次考试都是名列前茅，后顺利考入名校，毕业后出国留学三年。回国后，进入一家全球知名的企业工作，深得领导赏识。

在业务能力方面，T非常出色，业绩也很好。公司内部用了一两年都没有搞定的项目，到了T的手里，不到三个月就顺利完工了。更可贵的是，她为人沉稳、低调，没有一丁点儿狂妄自大。同事们都认可她，丁的人际关系很融洽。不仅如此，T还是个很有家庭责任心的人，是个好女儿、好妻子、好母亲，堪称女性中的典范。

可是，令所有人都难以置信的是，很长时间以来，T一直在饱受焦虑的折磨。

有段时间，由于工作的原因，T的情绪不太好。公司接到一个大项目，她是主要负责人，项目催得很紧，要在规定时间内完成。那几个月里，T经常熬夜加班，周末也牺牲掉了。她觉得压力很大，可又要维持一直以来的好形象、好状态，为了发泄情绪，从不喝酒的她，开始靠着酒精的麻醉扛着。

近来，T总感觉莫名的心慌、头疼，控制不住自己的脾气，好几次对项目小组里的成员发火。这让组员对她产生了很大的意见，领导也开始找T谈话。T更加郁闷了，对前途失去了信心，也没有了以往的动力，人变得很憔悴。

面对工作和生活的压力，感到焦虑是正常人都会有的反应，T也不例外。问题是，她没有及时地疏导焦虑的情绪，结果让负面情绪蔓延，最终给自己和周围的人都带来了伤害。事实上，有99%的人都会为了这样或那样的事情而焦虑，但不是每个人都会让焦虑长时间地困扰自己，并为此坐卧不安，他们能够理性地认识焦虑，并针对具体情况采用相应的处理办法。

心理学家把人分为三种：理性人、原始人和纯真人。焦虑的本质就是理性人和原始人发生冲突后产生的心理反应。比如，我们渴望成功，但不顺利的现实把我们的渴望压制住了，这时我们就可能会产生焦虑。从某种意义上来讲，焦虑是在提醒我们，现实生活出现了问题，需要作出调整和改变，才能让生活回归正轨。

怎样理性地认识焦虑呢？首先你要知道自己到底为什么而焦虑。

弗洛伊德在《抑制、症状与焦虑》中把焦虑分为三种：现实焦虑、道德焦虑和神经焦虑。

· 现实焦虑：这是指人类对现实世界中危险因素的恐惧。当我们担心外界会发生一些危险时，大脑就会发出信号提醒我们，这个信号就是现实焦虑。比如，站在没有护栏的高处，我们会担心掉下去；在陌生的城市会没有安全感；重要的考试之前就焦躁不安；等等。这些都属于现实焦虑。

· 道德焦虑：指一个人在做错事或自认为做错事时，内心会产生羞愧、内疚和自卑感。这种焦虑来自于对自身良心惩罚的恐惧。比如，我们会对自己曾经做错的事而羞愧，会因为内心一些不道德的想法而焦躁，等等。这些都属于道德焦虑。

· 神经焦虑：是现实焦虑的升级版，被藏得很深，难以意识到。每个人对爱情、财富、成功、权力等都有欲望，当这些欲望被残酷的现实打击时，就很容易感到精神崩溃。此时，大脑发出的信号就是神经焦虑。

了解了焦虑的类型，我们就能够根据自身的情况分析出焦虑产生的原因，客观地看待自己面临的问题，用理性的思维去分析可能出现的结果，然后放松自我，调试心态，继而舒缓或消除焦虑。

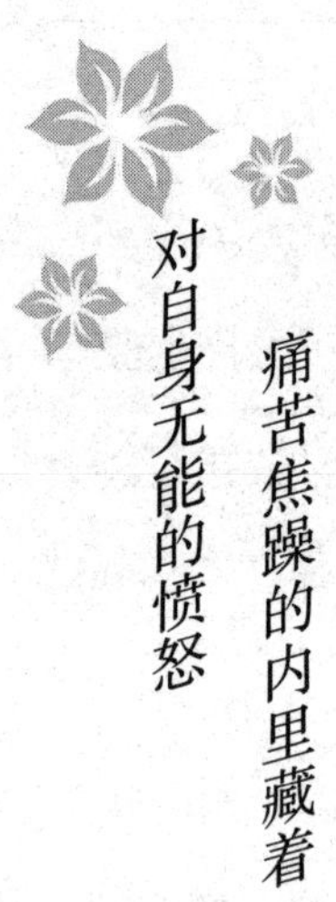

痛苦焦躁的内里藏着对自身无能的愤怒

从心理学角度来说，当我们悔恨或事情得不到解决时，就会滋生焦虑的情绪。同时，当他人没有依照我们的期待行事，致使内在的情感无法得到满足时，也会感到忧虑和愤怒。回想一下自己焦虑的时候，是不是存在类似的情形。

人之所以痛苦、烦躁，是因为无法独自处理所面临的各种困难，这些困难不会随着时间而慢慢消逝，反倒会演变成巨石一样的负担。时间越久，就越发现自己无力解决。究其本质，焦虑就是对自身无能的愤怒。在那些困难面前，我们是软弱的，无能为力的，除了焦虑之外，似乎不知道该如何应对。

要彻底解决问题，外界的帮助有一定的效果，但从根本上来讲，还得依靠自己。只有不断提升自己的能力，让自我真正强大起来，才不会轻易因为一件事而焦虑。

W在单位兢兢业业工作了二十余年。这些年，她付出了太多的精力和心血，才熬到中层主管的位置。在这个位置上，她只需要再工作五年，就能够安稳地办理提前退休。可她怎么也没想到，这天是她在单位上班的最后一天。

“我们厂的效益不好，大批量地削减人员，你们部门也被撤销了。”

“为什么？我的工作能力有问题吗？”W不解。

“不是，你做得很好。可单位的效益不好，这也是领导层商议后的决策，没办法。”

听到“没办法”这三个字时，W的内心顿时冒出了一股无名火，她很想大闹一番，去质问单位的领导。可她也知道，这么做没有任何意义，她应该想的是如何解决繁重的家庭开支，要还房贷、要供孩子上学、要赡养老人。

那段日子，W的内心焦虑极了。她经常一个人跑到河边的长椅上坐着，一坐就是几个小时，希望能缓解一下内心的苦闷。有一天下午，她在河边遇到了跟自己遭遇差不多的一位大姐，两个人相互安慰了一番之后，就开始探讨怎么解决问题。

“现在的家庭美容院挺有市场的，要不咱们也试试？就是需要上培训班，学习一下技术。”这个想法点燃了W压抑在心里的激情和梦想。就这样，她开始参加专业的培训，尝试走上创业之路。

六年后，W的家庭美容院已经有了固定的客户，并发展出了原来三倍的规模。这一切，都是由“没办法”那三个字激发出来的传奇。一个人在没有实力的情况下，随意发泄情绪是毫无意义的事，所有的愤怒和焦虑，不过是无法解决当下问题的外在表现。

情感作家张德芬说：“困难大家都有，痛苦每个人也都不缺，只要是人，这些都是不可避免的。但是，内心强大的人可以不受苦。”

修炼强大的内心是祛除焦虑的根本良方。当你感到焦虑不安时，与其无休止地愤怒，倒不如及时行动，努力去扭转既定的事实，在绝望中寻找希望，才能真正解决好自己面临的问题。

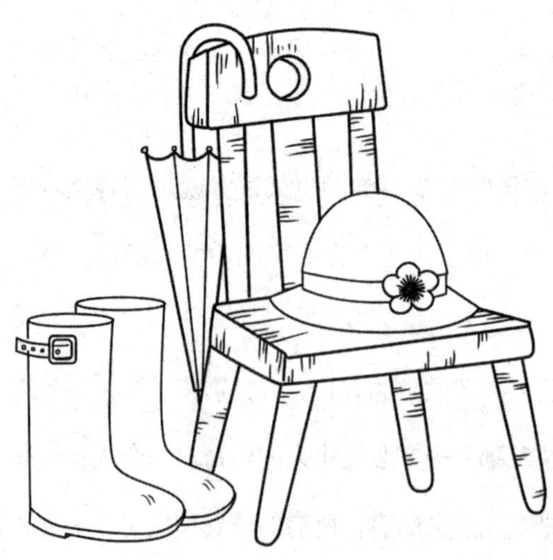

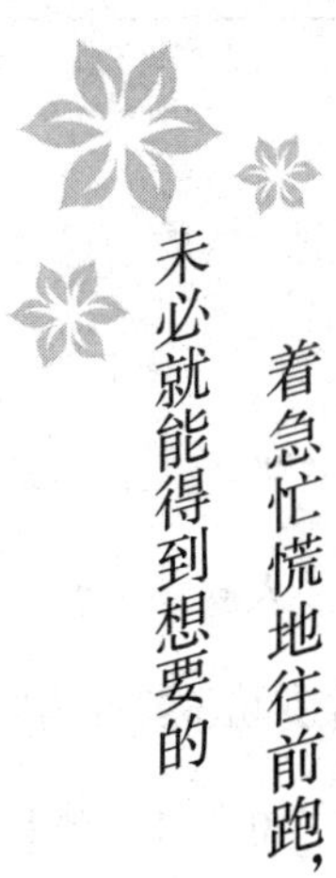

着急忙慌地往前跑，未必就能得到想要的

日本有两位技艺高超的剑客，一位是宫本武藏，另一位是柳生又寿郎。

当年，又寿郎拜武藏为师。学艺时，他问师父：“您看，依我的资质，多久才能练成一流的剑客呢？”

武藏直言相告：“至少要10年。”

又寿郎不满，说：“10年太久了，如果我勤学苦练，多久才能达到这个目标呢？”

武藏回答说：“那恐怕要20年了。”

又寿郎不解，再问：“要是我晚上不睡觉，夜以继日地练呢？”

武藏摇摇头，说：“那你必死无疑，不可能成为一流的剑客。”

又寿郎更糊涂了，向师父询问原因。武藏说：“要当一流的剑客，先决条件就是，永远保留一只眼睛注视自己，不断反省自己。现在，你两只眼睛都只盯着剑客的招牌，哪儿还有眼睛注视自己呢？”

这番话让又寿郎幡然醒悟，他收起浮躁和急切，专心练剑，终成一代名剑客。

在这个讲究“时间就是金钱”的社会里，一切事物似乎都被赋予了速成的期望。尤其是当这样的言论充斥在耳边时，更是惹得许多人满心焦虑：“假如人能活100年，其中睡眠占用30年，吃饭占用10年，穿衣梳洗打扮占7年，走路旅游堵车占7年，打电话1年半，打电话没人接1年零10个月，看电视4年，上网12年，找东西1年零8个月，购物1年半，年轻时打架斗殴，成家后夫妻吵架，有小孩后骂骂孩子又去掉5年，闲谈70天，擤鼻涕10天，剪指甲15天，意淫8天，最后剩余时间为10年。10年你能干什么呢？”

我们总担心青春太短，梦想太远；我们又总担心起步太慢，落后于人。买了两三年的名著读本一直被放置在书架上，落满了尘土也未曾翻开过；抚平情绪的经典名曲还没听完，就直接切换至下一曲……一切都只是因为没时间、害怕浪费时间，似乎总有更重要的事情要去做，本该按部就班、一步一个脚印去走的路，也被人为地按下了“加速”键，试图早点抵达目的地。生活、工作、梦想，真的需要这么急切吗？如此急切，真的能如愿以偿得到想要的吗？

梦想也好，生活也罢，从来都不是该急躁的事。因为不是所有的“快”都能带来效率，也不是所有的“慢”就都没有出路。好比昙花一现，虽然一瞬间的美丽惹人怜爱，却总因刹那陨落而难以在百花争艳中彰显芳容；参天古树往往都枝繁叶茂，岁月愈长久主干愈挺拔，只因它不急于一时的汲取，百年根基，扎深扎稳，才有了不畏暴风骤雨的威严。

一个慢热的女孩谈及自己的经历时说："我20岁才考上心仪的大学，25岁才找到相对稳定的工作。很多与我同龄的女孩子都开始步入婚姻的殿堂，开启人生新的篇章，而我才刚入职场，一边工作一边学着怎样为人处世。老妈因此总是一副着急焦虑的样子，隔三岔五就买来本《二十几岁决定女人一生》的书，指着我的头说，你看看你都干了些什么。

"有人说，20岁碰不到好男人就不能在30岁前嫁个好丈夫，你要赶紧；有人说，20几岁趁早把孩子生了，反正都要生，早生早恢复，孩子也好养；有人说，20几岁不打扮，等嫁人生孩子了就更没有机会打扮了。这些说的都对——但是，我就是不想如你们期待的那样活着，我喜欢按照自己的节奏谱曲，喜欢这样慢热地生活。"

村上春树说过："终点线只是一个记号而已，其实并没有什么意义，关键是这一路你是如何跑的。"人生也是如此，慢一点走，不会影响你的事业和生活。生活更美好的可能性，恰恰在于缓缓经历的一步步、默默感知的一天天。

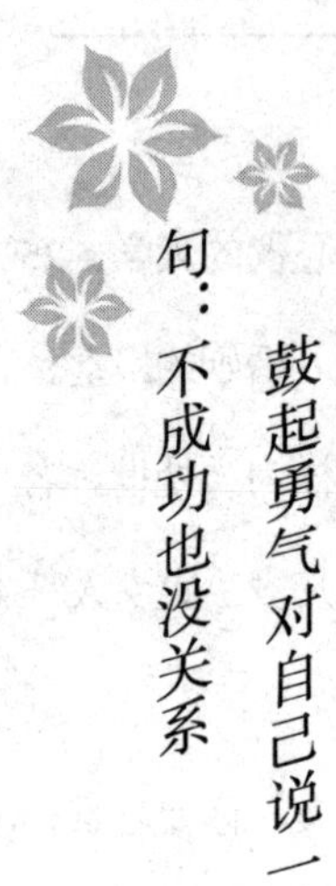

鼓起勇气对自己说一句：不成功也没关系

美国成功学的鼻祖戴尔·卡耐基提出了人性的优点和弱点，教人如何提高交际能力；成功学创立者拿破仑·希尔提出了17条成功因素；成功学大师安东尼·罗宾创立了潜能成功学。当这些理论逐渐被我们了解和接受后，越来越多的人开始以此为基础进行“创新”，提出一连串振奋人心的励志课题。

不可否认，励志确实能给人带去激励和希望，可当成功学变成了“如何从月薪3000变成月薪3万”“35岁之前退休”“21天改变命运”时，会让人嗅到一种急功近利的气息。

沉浸在这样的文化中，很容易被戴上“追逐成功”的枷锁。

生活中有不少人会用近乎苛刻的标准要求自己，容不得半点儿瑕疵和差错，看到别人的成功背后是五点钟起床，然后健身、吃营养早餐、高效率工作、高质量陪伴孩子、业余时间给自己充电……对照自己的生活，总觉得太过懒散、太不自律，于是就用别人的框架做标杆，让自己努力成为那样的人。

然而，人不是型号相同的机器，精力、体力、从事的工作种类都不一样，盲目、机械地效仿别人的成功模式，往往会发现自己根本应付不来。内心对现状不满，看着别人前进的步伐着急，自己的脚步又跟不上……结果不言而喻，焦虑感变得愈来愈强。

这种焦虑，被称之为“成功焦虑症”，主要诱因就是社会意识对“成功”的片面认定和过度强化，人的价值似乎已经简单到只用金钱来衡量的地步。可怕的是，有些人不仅自己患上了成功焦虑症，还把这样的观念灌输给孩子。

女孩M小时候很黏妈妈，每次到幼儿园门口，她都会抱着妈妈很久不肯撒手。现在，她已经是13岁的大姑娘了，可对妈妈却越来越疏远了。之所以这样，是因为每次两个人出门，妈妈总是会唠叨这些话题：“你知道常春藤大学在世界上排第几吗？你知道北大、清华又排名第几吗？你知道隔壁的姐姐现在年薪多少吗？”M很反感这些，根本不想听。现在跟妈妈一起出门，她总是全程戴着耳机，妈妈说话她就假装听不见，两眼望着窗外。在家的时候，M大部分时间也是钻进自己的房间做自己的事。

一个人必须要上名校、年薪几十万、各方面都超过身边的人，才是活得幸福吗？这只是一种价值取向而已，也只是世俗意义上的成功。成功有外在的评价指标，但更多地取决于个人的内在感受：一个人对成功的认可度，与他在事业上取得成就的大小、拥有财富的多少，并没有必然的联系。世界上既有少年得志者，也有大器晚成者，既有万众瞩目的荣耀，也有清虚自守的安宁，无所谓对错好坏，一切都只在个人的选择和态度。

成功不是物化了的名利，也不是华山一条道。把金钱、名望和地位等同于成功的全部，失去的不仅是幸福，还有自我。活在“成功焦虑”里，就很容易把自己“弄丢”。每个人的生命都是一条河流，只要向着大海进发，又何须时时计较悠长还是短促，弯曲还是笔直？如果非要给“成功”下一个定义的话，也许最恰当的解释就是：以自己的方式度过一生。

本就没有纯粹的得与失，又何必患得患失

一位作家说：“世界上最可怜的又最可恨的人，莫过于那些总是瞻前顾后、不知道取舍的人，莫过于那些不敢承担风险、彷徨犹豫的人……他们总是背信弃义，左右摇摆，最终自己毁坏了自己的名声，终将一事无成。”

美国知名的高空走钢丝表演者瓦伦达在一次重大的演出中，不幸失足身亡。回忆这场悲剧，她的妻子说：“我知道这次肯定会出事。上场前，他总是不停地说，这次太重要了，不能失败，绝对不能。可在此之前，他每次表演时都只想着走钢丝，根本没想过结果怎么样。”

每每重温瓦伦达的故事，都不免令人怅然叹息。有时，太渴望得到一件东西，太在意事件结果，太患得患失，往往会事与愿违。身处纷扰繁杂的世界里，很多人习惯把人生视为一次重大的演出，恨不得一切平坦顺利，如愿以偿得到自己想拥有的结果，永不失去。稍有些风吹草动，内心的平静便被搅乱，开始畏畏缩缩、诚惶诚恐、患得患失。时间久了，整个人也变得瞻前顾后，想要的担心得不到，得到的担心会失去，犹豫、迟疑、焦虑，不时地侵袭着内心，工作时难以专心，心灵上不堪重负，性情越来越暴躁。

患得患失的人，一辈子都难有从容的姿态，因为焦虑会如影随形。要消除焦虑，先要学会看淡得失。很多时候，斗气渴望的“得”，与提心吊胆害怕的“失”，不过是内心一厢情愿的理解罢了！

世间哪里有绝对的得与失？很多时候，得就是失，失就是得。得到的美好，不过是片面的认为；失去的可怕，也不过是想象中的。

电视剧《我可能不会爱你》中有这样一幕戏，女演员在小剧场里对着周围寂静的空气说：

“我花了一辈子，去学一件事，拥有就是失去的开始。但我终究还是学不会，我没有办法接受，拥有青春，其实已经开始失去青春。拥有婚姻，其实已经开始失去婚姻。拥有名声，其实名声也会失去。拥有了财富也一样，健康也一样，就算养一只狗也一样，拥有爱……天啊，失去爱更让人无法接受。为什么我们珍惜的东西，其实在拥有的时候就已经开始失去了呢？如果我不曾拥有，就没什么好失去的了，不是吗？”

几乎每个女人都在追寻美好的生活，都渴望得到多一点，再多一点。很少有人真正懂得，得与失是形影相随的，生命在点点滴滴凝聚的同时，也在分分秒秒地失去。拥有了曼妙的青春，就失去了无忧无虑的童年；拥有了左右逢源的圆润，就失去了锐利耿直的棱角；欣赏完日出的美，就失去了宝贵的晨光；享受了都市的繁华，就失去了田园的悠闲。

我们都应当牢记诗人安瓦里·索赫的忠告：“让世俗的万物从你的掌握

之中溜走，不必去忧心，因为它们没有价值；即使整个世界为你所拥有，也不必高兴，尘世的东西只不过如此；我们该从自己的心灵之中找归宿，快一些，无物有价值。”

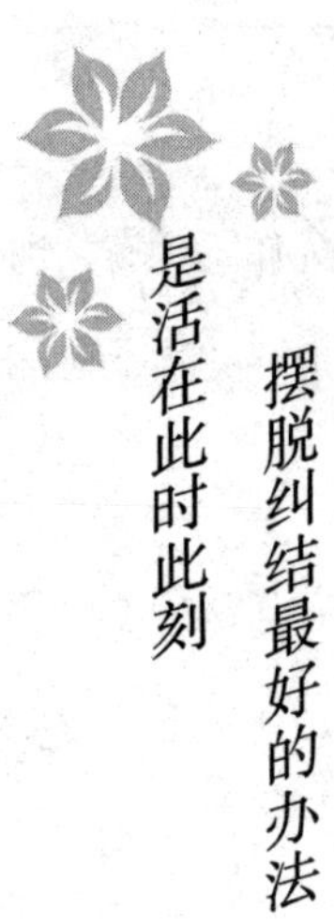

摆脱纠结最好的办法是活在此时此刻

在撒哈拉沙漠里生活着一种土灰色的沙鼠，每当旱季到来的时候，它们总要囤积大量的草根，以备艰难日子食用。当草根囤积到足以让它们享用不尽的时候，它们还会拼命地寻找草根，运回巢窟，如果不这样做，它们似乎会变得焦灼不安。

后来，医学界的人士想用沙鼠来代替小白鼠做实验，但屡屡失败。尽管笼子里食物富贵，但沙鼠还是很快就死亡了。医生发现，沙鼠是因为没有囤积到足够的草根的缘故，换句话说，它们是因为极度的焦虑而死的，这是一种自我心理的威胁。

很多时候，我们对未来的担忧都源于一些无谓的恐惧，但这种恐惧却会剥夺我们生活中所有的快乐和幸福。

有位盲人姑娘一直很忧郁。一天，她面色憔悴、脑袋耷拉着和朋友见面，并向朋友诉说自己心里的苦：“我现在和丈夫开了一家盲人按摩店，生意还可以，但我心里还是很不安，我总担心将来有一天生意会变得惨淡。或许，生意还没有变差，我自己已经老了，到时候我又该怎么办呢？现在我的婆婆经常帮我打理家务，可她的岁数一天天地大了，以后就不能常来帮助我，到那时我又该怎么办呢？还有，我的孩子也上学了，真不知道他将来该做什么样的工作，而我在这方面又帮不上他……”

朋友还没有听她说完，就打断了她的话：“你知道你为什么活得如此辛苦吗？就是因为你有太多的担心，是这些担忧把你摧残成现在的样子！”

多少矛盾和纠结，都是因为对未来的过分担忧。在这样的状态下，很难专注于眼前，缠绕在身的只有无尽的烦恼和恐惧。

有人曾问一位禅师：“什么是最好的修行？”

禅师说：“困来睡觉，饿来吃饭。”

此人不解：“这么简单的事情，每个人每天都在做，如何算是最好的修行呢？”

禅师说：“每个人都能吃饭，却不会好好吃饭，千般地去计较过去的事；每个人都会睡觉，却不去好好睡觉，心里百般思虑。不专注当下的事，就只会被这些虚妄的杂念困扰。”

今天如同一座独木桥，只能承载今天的重量，假若加上明天的重量，必定轰然倒塌。所以，不要想太多有关未来的事，不要顾虑太多，只要好好地享受、欣赏当下的生活就行了。活着的本分就是做好今天，明天永远是属于明天的。要知道，你所担忧的事情，明天也许不会到来；即使真的来了，也可能因为其他的因素而改变。记住《圣经》里的那句话吧——不要为明天忧虑，明天自有明天的忧虑，一天的难处一天当就够了！

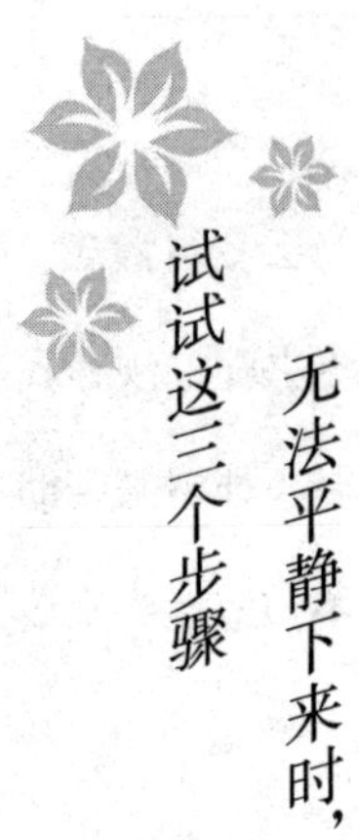

无法平静下来时，试试这三个步骤

焦虑是一种类似担心害怕的情绪体验，焦虑者时常会处在不安的状态中，吃饭不香，睡觉不实，整天都揣着心事，对身边的事难以提起兴趣，经常会担心自己的身体出现问题，或是担心孩子的安危，抑或自己的前途和未来。

其实现实的状况并没有焦虑者想象的那么糟糕，还没有到走投无路的境地，只是他们对事情可能出现的各种结果把握不定。

这种焦虑的情绪会出现在各个年龄、各个层次的人身上，就算是大人物也难免会患焦虑症。格兰斯顿曾经担任四任英国首相，可每次演讲之前他都会失眠，为自己该说什么、不该说什么而担忧。他在这方面浪费了大量的时间和精力。

有没有什么办法能够迅速地减缓焦虑呢？

美国著名工程师成利斯·卡利尔曾经把一件工作搞砸了，给公司带来巨大的损失。面对这样的突发事件，他心里焦虑万分，很长时间都陷入痛苦中不可自拔。幸好，最终理性还是战胜了糟糕的情绪，它提醒卡利尔，这种焦虑是多余的，必须要让自己平静下来才能想到解决问题的办法。

没想到，这种强迫自己平静下来的心理状态，真的起了效用。后来的三十多年里，卡利尔一直遵循着这种方法，遇到事情先命令自己“不许激动”。卡利尔具体是怎么做的呢？结合他当时的处境，我们不妨参考并借鉴一下他战胜焦虑的步骤：

·心平气和地分析情况，设想已经出现的问题可能会带来的最坏结果。当时，卡利尔面临的情况也比较糟糕，但还不至于到坐牢的境地，顶多是丢掉工作。

·预估了最坏的结果后，做好勇敢承担下来的思想准备。卡利尔告诉自己，这次失败会给我的人生留下一个不光彩的痕迹，影响我的晋升，甚至让我失业。可即便我丢了工作，我还可以去其他地方做事，这也不是什么大事。当他仔细分析了可能造成的最坏结果，并准备心甘情愿地去承受这个结果后，他突然觉得轻松了很多，心里不再压抑憋闷，找回了久违的平静。

·心情平静后，把所有的时间和精力用在工作上，尽量排除最坏的结果。卡利尔的做法是，做了多次试验，设法把损失降到最低。后来，公司非但没有损失，还净赚了1.5万美元。

这三个步骤可谓是处理焦虑情绪的通用方法，毕竟人一旦陷入焦虑状态，会破坏集中思维的能力，无法专心致志地想问题，也很容易丧失当机立断的能力。选择强迫终止焦虑，正视现实，准备承担最坏的后果，就可以消除一切模糊不清的念头，从而集中精力去思考解决问题的办法。

另外，感到焦虑不安的时候，也可以主动把内心的担忧告诉身边可信任的人，减轻一下心理负担。如果没有合适的倾诉对象，也可以找一张纸，把自己的担忧写出来。这样做可以理清思绪，让混沌不清的问题有个脉络；同时也能让自己清晰地认识到问题的性质，事情是否真的有那么糟糕；还能够从一些被忽略的细枝末节中找寻到解决问题的思路。

说到底，战胜焦虑整个过程的实质就是让自己冷静下来，明白事情最坏的结果是什么，自己有没有勇气去承担，当你能够回答这几个问题后，焦虑自然会减轻很多。接下来，就是想办法阻止那个最坏的结果的发生，当你找到了解决的办法，并全力以赴去行动时，很快就能从焦虑的情绪中跳出来，因为你的注意力全用在解决问题上了，根本没时间去胡思乱想了。

倾谈

06

／

不抱怨的世界里没有受害者心态

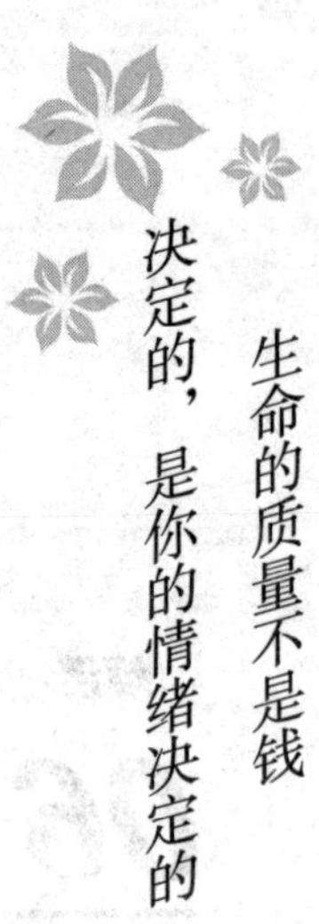

生命的质量不是钱决定的，是你的情绪决定的

2008年美国爆发的经济危机丝毫不亚于1929年那场噩梦，股市大跌，历经了所谓的黑色星期五，亚洲股市的黑色一周，所有人都在哭泣，唯有一个人在昂首微笑，他就是荣登世界首富宝座的股神——沃伦·巴菲特。

2008年经济危机最严重时，美国财经杂志《福布斯》公布了“美国富豪四百强榜”，巴菲特个人净资产在33天内增加80亿美元，重新登上首富宝座，打破了比尔·盖茨保持了15年的首富纪录。

是什么给了巴菲特这样的财富？不是金钱，也不是地位，而是对情绪的控制力！无论现状多么糟糕，巴菲特都对明天充满希望！正如一位美国投资者所言：“那些股票一夜之间成为一堆废纸却依然可以保持笑容的人，我喜欢他们，不仅因为他们可以看透股市投资的本质，更是因为他们超然而镇定的气场。”

人的情绪是一种巨大的、神奇的能量，既能激发人的无限潜力，也能把人推向万劫不复的深渊。不如意的事时时刻刻都有可能出现，若不能调节心态，控制痛苦的蔓延，就会沦为情绪的奴隶，生活也会偏离正常的轨道。

二战期间，维也纳知名心理学家维克托·弗兰克被关进了纳粹集中营。每当他遭到惨无人道的折磨时，他就想象着自己正在讲坛上授课，内容就是关于集中营的心理学。此时，他所受的苦难煎熬全都成了心理学研究的课题。靠着这种方法，他顽强地活了下去，并且精神始终都不曾垮掉。

在所有人看来，能够安然无恙地走出纳粹集中营，简直就是一个奇迹。提及这段经历，弗兰克说了一句话："在任何特定的环境中，人们还有一种最后的自由，就是选择自己的态度。"

英国萨伦港的国家船舶博物馆里，停泊着一艘船。这艘船自1894年下水以来，遭遇的惊险令人瞠目：它曾在大西洋上138次遭遇冰山，207次被风暴扭断桅杆，116次触礁，53次起火。然而，遭受了这么多次的打击，它却从来没有沉没过。

一位律师到博物馆里参观，当时的他刚刚输了一场官司，委托人因为官司失败自杀了。败诉的事情他遇到过很多次，每次都有深深的负罪感和挫败感，总认为自己辜负了委托人的信任，并会在案件结束后很长一段时间内都陷入低落的情绪中，不知如何安慰委托人和自己。不过，当他看到这艘船时，心头一震，然后他将这艘船的资料抄了下来，还拍摄了照片。

此后，他将照片和资料陈列在自己的办公室里，每当有委托人请他辩护时，他都会建议对方看看这艘船，让他们明白一个道理：海上没有不带伤的船，要坦然面对生活的挑战。其实，这也是他给自己舒缓情绪、减轻压力的良方。奇妙的是，有了这份轻松而从容的心态后，他的事业比从前更顺了，许多委托人的命运都被改写，而他也成了当地有名的律师。

环境和遭遇可以摧残一个人的身体，却无法摧毁和束缚一个独立意志者的心灵。当我们感到痛苦沮丧的时候，不是我们被外界打败了，而是被负面的情绪扰乱了思维，输给了自己的情绪。

当你感到痛苦并发觉自己正一步步沦陷其中时，记得及时地叫醒自己。要知道，所有人都会遇到不幸，也都会有负面的情绪，但最不幸的是用糟糕的情绪埋葬自己的一生。你给世界一个什么姿态，世界就还你一个什么样的人生！

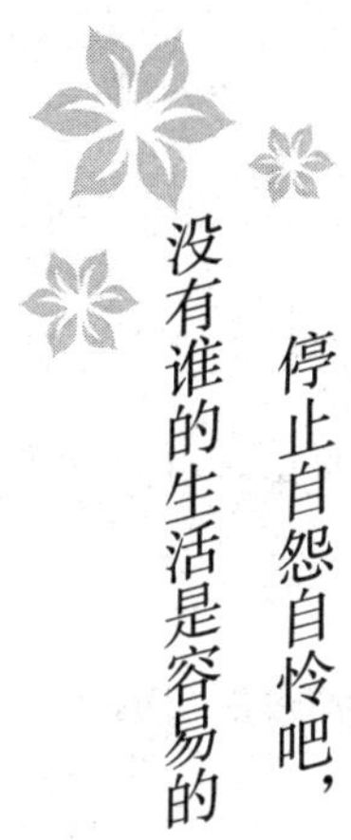

停止自怨自怜吧，没有谁的生活是容易的

“凭什么他的工资比我多，职位比我高？”

“每天早起公交车太挤了，弄得人心烦意乱。”

“今天的午餐真是太难吃了，根本不值二十块钱！”

“为什么别人能幸福，我却遇不到真爱？”

……

这些话听起来是不是很耳熟？是的，抱怨的话几乎人人都说过，抱怨的人处处都有，被抱怨的事更是五花八门。听着这样的言辞，让人觉得生活简直是一团糟，没有顺心的地方。更要命的是，抱怨者本身对于“抱怨”这件事秉持着孜孜不倦的态度，可以就某个话题无休止地抱怨下去！

那么，问题来了，抱怨真的只是控制不住情绪吗？抱怨的背后，到底是一种什么样的心理在作祟呢？在这里，很想谈谈爱尔兰现代主义剧作家塞缪尔·贝克特的名作《等待戈多》，这是一部很有代表性的悲剧，也能带给人不少启示。

故事发生在乡间的一条小路上，两个流浪汉在此等待戈多。至于戈多是谁，为什么要等他，他们自己也说不清楚。在等待中，他们没事找事，没话找话，吵架、上吊、啃胡萝卜……突然传来一阵响声，两人一阵惊喜，以为是戈多来了，却发现是空欢喜一场。夜幕降临，其中一个流浪汉提议离开，另一人也同意了，可两人仍然坐着不动。

到了第二天，同样的时间，同样的地点，两个流浪汉再次相遇，又开始重演昨天发生的事。他们重复前一天的言语和动作，没完没了地说话打发时间。到最后，其中一个流浪汉又提议走，另一个人也答应走了，可他们依旧像昨天一样，站在原地不动。

这幕荒诞剧借助两个流浪汉等待戈多，而戈多不来的情节，暗喻人生是一场无尽无望的等待。可把这个情节延展一下，放在抱怨者身上，却发现有着惊人的相似之处，那就是所有的抱怨和批评，都没有实质性的见解，也没有采取要改变现状的行动，只是站在原地不停地重复着同样没用的话。

从这里我们不难看出，抱怨的背后隐藏着很多不为人知的内幕。也许只是一种倾诉，为了减压、排解苦闷，也许是对现实生活不满，或者对自己不满，抱怨的背后是在说："为什么我总是这样？为什么我不能更好一些？"

带着这样的心理，势必会生出一些焦虑，要通过抱怨的途径来获得他人的安慰。在抱怨者看来，整个世界都是灰色的，仿佛自己是最不幸的那个人。事实上，听者很清楚，这不过是夸张的描述，与现实不符，正因为此，听得多了就会感到厌烦。

抱怨的人不停地责备外界环境或是他人，其实是在申诉自己内心的某种需要，但又不会通过其他方式来表达，就把大量的时间和精力都用在了抱怨和引人注意上。

对于抱怨者，倾听的人最初会采取给予建议的方式来对待，就像《等待戈多》里那个提出离开的流浪汉一样，可时间久了却发现，抱怨者只是用耳朵听，根本不付诸行动，只是重复抱怨。

看到这里，你可能也明白了，抱怨的本质不在于某一件事，而在于抱怨者内心的软弱和行动力的匮乏。就算他们抱怨的A事得到了解决，接下来他们还会为了B事和C事继续抱怨，就像《等待戈多》里不断重复的场景一样。

作家六六在一篇文章中写道："研读马云的人生，在前37年里，他的人生就充斥着两个字：失败。37岁后，他突然飞黄腾达了，秘诀就是四个字：永不抱怨。"

若说抱怨，马云应该比任何人都有资格去抱怨，毕竟他失败了那么多次，可他没有那么做。相比之下，芸芸众生中的大多数，又是怎么做的呢？

2013年一项涉及5000人的调查显示，65.7%的人每天抱怨次数在1~5次，13.8%每天抱怨6~10次；近八成人抱怨仅为发泄内心苦闷，九成人对自己的抱怨行为深恶痛绝。公务员抱怨工作无趣，工资太低；白领抱怨没保障；年轻人以蚁族自嘲，抱怨"土豪"们占据太多社会资源；中年人抱怨上有老、下有小，生活压力大；老年人抱怨看病贵、看病难……

没有谁的生活是容易的，你所看到的幸福的人，也不过是背负着你不曾看到的辛酸。生活的本质就是不断地去解决问题，一个接着一个，对任何人而言绝无例外。有一本书里是这样写的：“我以为有钱人会过得比我们充实，我以为物质上都满足会没有烦恼，我以为一切外在都拥有就不再忧愁，其实呢？原来并不是，他有一切让人羡慕的东西，可是他却从未有过开心快乐，他有钱有车有地位，却没有一个可以说话的朋友……”

抱怨这种事情就像一个无限循环的数字9.999999999…即使将小数点后的数字重复一万遍，也永远无法达到10的目标。软弱无能的人，只想着重复这样的无用功，白白地浪费时间。真正的勇者，是鼓起勇气正视现实，用积极的态度和行为去扭转自己的命运。

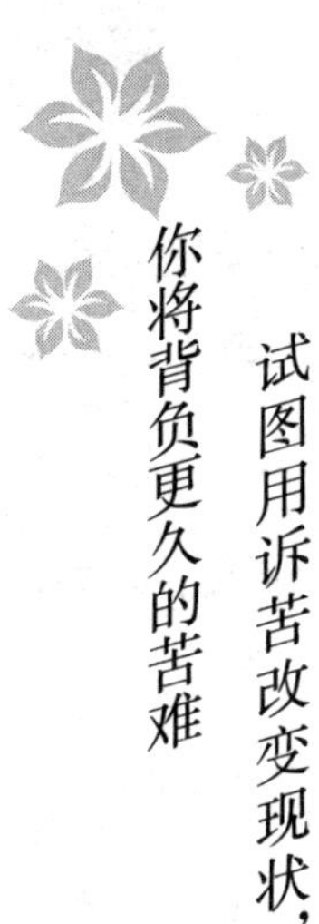

试图用诉苦改变现状，你将背负更久的苦难

活在世界上，每个人都有自己的难言之隐，都有自己的无可奈何。事业不顺的痛苦，疾病不愈的痛苦，感情不和的痛苦，子女不孝的痛苦……就像佛陀所言，苦才是人生的真意。

人是感性的动物，感到痛苦的时候往往习惯倾诉。倾诉本没有错，但要选对合适的倾诉对象，更要懂得适可而止。不管遭遇什么，你的痛苦只属于自己，家人不是你坏情绪的回收站，朋友也不是你眼泪的污水池，他们没有为你承担痛苦的义务，说与相交不深的人更是枉然。

你声情并茂地把自己的痛苦倾诉出来，心疼你的人会用大小道理安慰你一番，让你感到暂短的释放。但若不能停止抱怨，频频地让别人听你倒苦水，终有一天对方会厌倦。要知道，活着对谁而言都不易，不管是达官富贵还是平民百姓，都有各自的痛苦，自己都已经活得那么辛苦，又怎堪忍受别人络绎不绝扔来的负能量呢？

有人说过："不要把自己的伤口揭开给人看，别人看的也许只是热闹，疼的却是自己。"生活中就是有那样一些人，会把你的痛苦当成故事来听，心中并无丝毫的怜悯，甚至还会幸灾乐祸，从取笑你的痛苦中，找到一丝畸形的快乐。那时你会感觉，自己的倾诉就像是在揭自己的伤口，让痛苦加倍。

S在大学时交往过一个恋人。对方长得气宇轩昂，也是个典型的文艺青年，酷爱文学，又擅长乐器，同时又很浪漫。S时常把男友挂在嘴边，向朋友晒她的幸福。

然而，当局者迷，旁观者清。其实，S周围的朋友早看出来了，那男生在感情上不是一个坚定而专情的人。出于好意，朋友们也劝过S别被爱情冲昏头脑，多提防着点他。S觉得朋友多虑了，他不是那样的人。

没想到，交往半年之后，这个花心的男生主动向S提出分手，说自己喜欢上了别人。幸福的曲子戛然而止，这对沉浸在爱情里的S来讲，无疑是重重的一击。S总是在宿舍里哭，跟室友诉说自己的痛苦，还在学校的论坛上控诉对方负心的罪行。一时间，认识S和那个男生的人纷纷在背后评议。这些议论中，有说那男生太不靠谱的，也有说S太较真的，恋爱本就是这样，好聚好散，拿得起放得下。她身边的一些朋友，虽然嘴里也劝着她，但心里并不是那么同情她，甚至觉得她是自作自受。

三个月后，大家都把这件事忘得差不多了，可S心里的痛苦却一点都没有减少，她不时地在朋友面前责骂那个男生，说自己不敢再相信爱情了。就连室友恋爱了，她送出的也不是祝福，反倒是告诉对方，让室友拿自己当前车之鉴。慢慢地，室友也懒得跟她说话了，因为话题没有别的，就是她的遭遇，她的痛苦，她的怨恨，以及对别人那种冷眼旁观的态度。

倾诉是缓解压力和痛苦的一种方式，但这跟习惯性地诉苦不是一回事。倾诉是不压抑情绪，让内心的感受真实地流露出来，而诉苦却是抱着受害者的心态，是向苦难投降后给自己找各种借口。

如果一个女人总是轻易地向他人诉苦，则表示她对现实有着强烈的不满，却又觉得自己不是问题的根源，试图把所有责任归咎于外界。可我们都知道，成年人要为发生在自己身上的一切负责。只有抱着这样的心态，才可能改变现状。

希冀用诉苦的方式获得同情和帮助，最终会失望。每个人都可能遭遇困难，有可能你倾吐的对象中就是苦海中的一粟。可人对自己和他人的要求标准不一样，他们能够体会到自己遭遇困境时的痛苦，却未必能对你的遭遇感同身受。特别是那些以胜利者姿态站在你面前的曾经的苦难者，会更加看不起你，认为你意志不够坚定，轻易就认输。

诉苦改变不了什么，你希望借此改变处境、为自己开脱、寻求同情和帮助，换来的很有可能是鄙夷和奚落，让你的苦难雪上加霜，祥林嫂不就是一个最典型的例子吗？别把诉苦当成理所当然的事，当你总想向周围的人诉苦时，你会背负更久的苦难，甚至失去自尊。

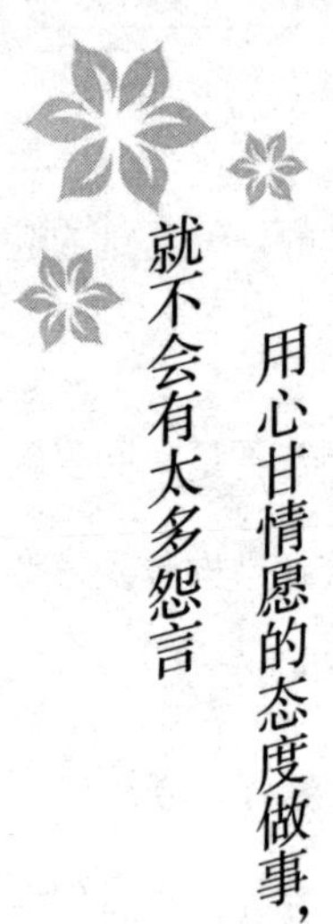

用心甘情愿的态度做事，就不会有太多怨言

星云大师说："人生快乐的妙方，不外乎凡事心甘情愿。读书、工作、交友、上班、做事，能抱着'心甘情愿'的心全力以赴，一定能快乐。"

这是一种不计较、不苛求的心态。漫漫人生路上，当我们迈出第一步时，前方所有的道路其实就已展开。山不问高，仍然傲然挺立，巍耸入天；河不问长，仍然奔流到海，不舍昼夜。这样的心无旁骛自然会摒除繁杂的困扰，找到最简单的快乐。

在《星云文集》中，有这样一段平实的肺腑之言：

在我一生中，是"心甘情愿"让我在严苛封闭的丛林中安住身心十年；是"心甘情愿"使我心平气和地面对各种讥讽与毁谤；是"心甘情愿"使我无怨无悔地兴办佛教的文化教育事业；是"心甘情愿"让我立定了弘扬人间佛教的坚强决心；更是"心甘情愿"激发起我生生世世做和尚的愿心！

我一生感受到的，如物质的贫乏、事务的繁忙、责任的负担、奋发的艰难，并不觉得辛苦，只有对委屈、受冤，心中稍有不平，但也因秉持着心甘情愿慢慢进步。

在现实的社会里，人们要的是成果，没有人会关心你过程中的辛酸，也因此让我受用很多。为达目的，再艰苦、再刁难，我都不会失望、灰心、改变心意、转移目标或更改原定计划，凡事尽可能给对方最好的、最有利的、最需要的。故能在苦中不苦、忙中不忙。能迎刃解决多方问题，不外乎有志者自有千方百计，无志者只有千难万险。只要是“心甘情愿”，一切的苦也都不觉苦，一切难也不觉难，反而能从磨炼中得到收获与领悟。

有位哲人说：“这个世界上最多的‘东西’不外乎两种：穷人和抱怨，而且两者之间存在着鸡和蛋的关系——贫穷（抱怨）孕育了抱怨（贫穷），抱怨（贫穷）又孵化了贫穷（抱怨）。人们越穷越抱怨，越抱怨越穷。”

且不论这句话的客观性，但就像哲人说的那样，事实上人们不仅“越抱怨越穷”，还会由于抱怨招致一连串的麻烦，到头来，不但得不到情感方面的快感，反而腐蚀了我们的精神，破坏了我们的幸福感，成为了抱怨的最大受害者。

与其心不甘情不愿地郁闷而为，不如把时间花在任劳任怨的进步中。

有一个影视投资人在圈内的口碑很好，人们对他的评价也极高：既务实，人又好；既有做大的决心，也不吝啬与他人分享蛋糕。

有一次这个投资人和一位女作家合作，真可谓耐得住折腾。刚开始时，本已签好了电视剧A的合同，没想到交了三集剧本时女作家跟他说：

“对不起，我想要改写B了。”这位投资人没有半句埋怨，只说“好”，便撕毁了合同重签。

后来，由于B电视剧的导演与这位投资人从未合作过，对他心存疑虑，想撤销与他的合作。他又说好，并且安慰对方说“迟早会合作的”。

女作家觉得这一来二往的“好事多磨”多少和自己有关，便找到投资人道歉，谁知，他回答说：“我的工作就是解决问题，没有问题我就心慌。你有任何问题，都可以交给我。”

这让女作家对他越发欣赏，发去一条短信称赞：你的未来必将无限美好，因你的人生字典里没有责任的划分区域，只有力拔山兮的气概。”

他的回复短信只有一句话：要做事，不仅要能屈能伸，还要任劳任怨。

闽南地区有句俗语，叫“甘愿做，欢喜受”。意思是说，倾心于自己喜欢的事，无论过程和结果如何，都要乐于承受，因为那是你自己的选择。做自己喜欢做的事，心甘情愿地为此而坚持不懈、无怨无悔，才是正确的人生姿态。

网络上有这样一篇文章，作者浓墨重彩地介绍自己的心路历程，他说：

“所有选择都很难在事前论断对错或优劣，也许根本也无所谓正确与否。跟着自己的真心走，充分思考，多一些权衡、少一些冲动，原则只有一个——莫让此刻的决定成为明日的遗憾！还有一点，愿意为所有选择负责，要有承担后果的担当，就可以使任何决定都结下好的果子，所谓‘欢喜做，甘愿受’！人生本来就是来经历的，只要能让我们有所成长，就是好的。以此看来，没有选择会是‘不好’的，只看个人的智慧，是否可以去芜存菁，如此罢了！”

香港资深媒体人杨锦麟曾引用这段文字，并告诉读者，据说比“欢喜做，甘愿受”更高的境界是“甘愿做，欢喜受”，前者指平时随心所欲，错误的、不该做的，即使有人阻止仍明知故犯；而做了之后所受到的烦恼，当然必须自己承受，别人无法替代。后者则是懂得分辨该做与不该做；该做的，再辛苦也心甘情愿去做，并抱着欢喜心耐劳、耐烦。

在这个充满了浮躁气息的世界里，让焦虑的心安顺下来，让纷杂的思绪舒缓下来，心甘情愿地去努力，去接受，听到花开之声、雪落之音。如此，即使延伸再远的长路，也会诞生出成功的奇迹。

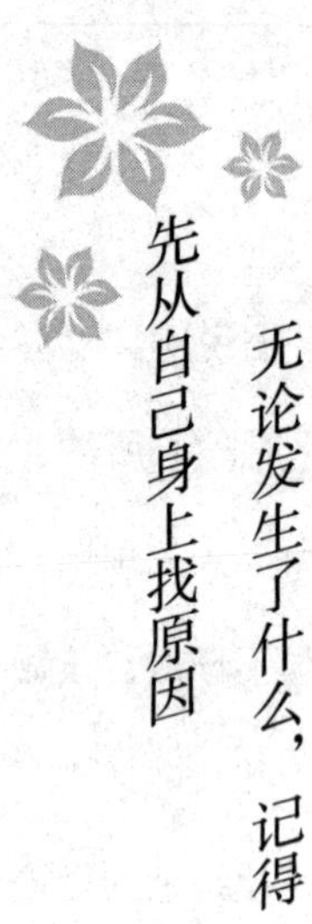

无论发生了什么，记得先从自己身上找原因

据说，普罗米修斯创造人的时候，在每个人的脖子上都挂了两只口袋，胸前一只，背后一只。胸前的那只口袋装着别人的缺点，背后的那只装着自己的缺点。所以，人们总是很容易看到别人的缺点，而难以发现自己的不足。

四个和尚一同参加禅宗的“不说话修炼”。在静修的过程中，必须要有一个人负责点灯。四个和尚当中，有三个和尚资历较高，唯有一个小和尚年纪小、资历尚浅，所以点灯的工作自然就落在了他的身上。

修炼开始后，四个和尚围绕着油灯盘膝而坐，无人言语。油灯中的煤油一点点地变少，眼看油灯就要熄灭了，负责管灯的小和尚非常着急。这时，偏偏又刮来一阵风，火焰左摇右摆，眼看就要熄灭。管灯的小和尚突然大叫起来：“糟了，糟了，油灯要灭了。”

正在闭目打坐的三师兄听到小师弟的喊叫，本不该说话的他，竟开口训斥道："你喊什么？我们在做'不说话修炼'，怎么能开口讲话呢？"

二师兄听后非常生气，冲着三师兄说："你不也说话了吗？实在太不像话！"

资历最深的大师兄盘膝静坐，默不出声。过了一会儿，他默默地睁开了眼睛，故作平静地说："看来，只有我没有说话。"

谁都不是完美的，都可能会犯错。不要只把挑剔的目光放在别人身上，而看不到自己身上的缺点。真正有修养的人，无论发生了什么事，第一时间都要从自身寻找原因，这样才能更加清晰理智地认识自己，同时不断地完善自己、提高自己。就算别人真的有错，也不要太苛刻，不要喋喋不休地指责，和尖刻的言语相比，宽容大度更容易感化对方。如若受挫后一直怪罪别人，改变不了现实不说，还可能因为心绪失控酿成更大的麻烦。

一位中年女士早年时期白手起家，辛苦地打拼，开办了一家服装公司，生意越做越大。可惜，商场如战场，没有永远的常胜将军。一次错误的决策，令公司陷入了危机，如此艰难的时刻，一直忠心耿耿跟随她的两个业务副总竟然提出辞职，跳槽到了竞争对手的公司。

内外交困之中，她没有反思到底为何会走到这一步，而是不停地责怪过去的"战友"背叛了自己，沉溺于愤怒和抱怨中，不再信任任何人，脾气也变得很坏，动不动就大发雷霆。结果，闹得公司上下人心涣散，业务上也是危机不断，公司的经营陷入了更大的困境。

公司的经营出了问题，身为负责人必然有不可推卸的责任，况且决策失误也是常有的事。不谈管理，就算是生活，也会偶尔做出错误的选择。若是结果不堪，就把所有的错过归咎于他人身上，必然会惹来更多的烦恼。

只会责怪别人的女人，往往会给自己招致怨恨；唯有懂得自省的女人，才值得钦佩和欣赏。至少在遭遇人生荆棘的时候，她那份淡定的情绪和宽容的胸怀，展现出了一个女人内在的心性与修养。事实上，心性沉稳的女人，运气通常都不会太差，她的个人魅力与行事作风，往往会换得意外的支持和援助，帮她顺利渡过难关。

某公司在外地举办了一次经销商大会，小米和同事负责会议活动的筹划安排。因为时间有限，经验不足，使得会议出现了一些失误。同时，由于市场竞争激烈，成交量比上年下滑了三成。小米他们刚一回公司，就被上司劈头盖脸地一顿责骂，说他们是王小二过年，一年不如一年。

辛苦了半天，最终落得这样的结果，大家心里都觉得委屈。毕竟每个人都尽力了，只是市场变幻莫测，谁也没有办法。更何况，谁能保证工作中永远不出现失误呢？再怎样，也不至于被骂得一无是处吧？当然，这些想法他们只能憋在心里，敢怒不敢言。

大家都沉默的时候，小米突然站出来说："这次失误，是我的责任，我太疏忽了，导致准备不足，出现这样的失误我很抱歉。我愿意扣除我三个月的奖金作为惩罚。同时，我也向您保证，下个月的展会我们会加倍努力，争取把这次的损失弥补回来。"听到小米这样说，上司也没再说什么。临走时，他丢下一句话，让小米全权负责下次的展会。

小米自己把黑锅背了下来，让大家免于一次责罚，同事们心里都很感激她。接下来的展会筹备，根本没用小米怎么安排，大家都很有默契，谁也没偷奸耍滑。最后，就像小米跟上司保证的那样，展会非常成功。

不久之后，小米被提升为主管。原来的同事都感觉小米是个能扛事的人，对她也很支持。可以说，她在事业上的成功，一半是靠自己的努力，一半是靠自己的性格。在招聘新员工或是进行培训的时候，她也总在强调一点："不要抱怨待遇不好，抱怨领导和同事，要懂得自我反思。"

当一个女人能做到凡事多从自身找原因时，她的心理会更容易得到平衡。很多事情，只要略微改变一下自己的思维方式，就能变得简单，让大家都满意。更重要的是，每个人都乐意接触那些愿意承认自己错误的人，而不是明明做错了，却总是反复辩解甚至怒气横生的人。承认自己存在的问题，少埋怨别人，这是一个有修养的女人该有的态度。

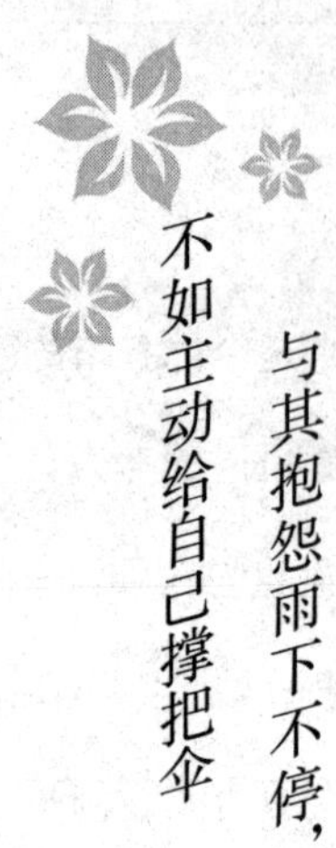

与其抱怨雨下不停，不如主动给自己撑把伞

当自身的处境与理想相差甚远的时候，没有一个人愿意坐以待毙，就这样荒废自己的一生。每逢这时，我们的内心总会燃起一阵渴望：“我要过上富足的生活”“我要找一份更有发展的工作”……这些念头反复出现在脑海中。有了这个想要改变的梦想，就证明我们已经确定了目标，可是想要真正地改变生活，只有目标绝对不够，因为通往成功的路是“走”出来的，而不是“想”出来的。

深秋时节，雨一连下了好几天。有个年轻人在院子里被雨淋得湿透了，但他似乎没有察觉到这些，他只是一腔怒气地仰天大喊：“老天爷！我恨你！你已经连续下了几天的雨了，你没看见我的屋顶漏了，粮食发霉了，柴火湿了，衣服也没的换了吗？你让我怎么活下去啊？我诅咒你……”年轻人怒骂了很久，但心中的怨气仍然未消。然而，老天并没有什么反应，雨还是不停地下。

这时候，有位智者路过，看到眼前这一切，便对年轻人说："你湿淋淋地站在雨中咒骂老天，过两天，下雨的龙王会被你气死，再也不下雨了！"

年轻人气呼呼地说："它才不会生气呢！它根本就听不见我骂他，就算我骂了也没什么关系。"

"你明知道骂老天没有用，为何还在这里做蠢事呢？"

"……"年轻人哑口无言。

智者说："与其在这里浪费气力怨天尤人，不如撑起一把伞去把屋顶修好，到邻居家借一些柴，把粮食和衣服烘干！"

对于身处逆境的人来说，智者的话犹如"醒世恒言"。与其抱怨命运、咒骂老天，不如省下精力用于改变困境。这个世界上没有坐享其成的好事，只有坐以待毙的结局，唯有傻瓜才会等待着天上掉馅饼。

有位哲人曾经说过："我们生活在行动中，而不是生活在岁月里。"

贝蒂和露丝是两个出身完全不同的美国女孩，但她们俩有一个共同的梦想：做一名电视节目主持人。

贝蒂有良好的家庭背景，父亲是芝加哥有名的外科医生，母亲则是一所名牌大学的教授。她的家庭给她提供了很大的支持和帮助，她完全有机会实现自己的梦想。

一直以来，贝蒂都觉得自己有做主持人的天赋，因为每次与陌生人相处时，她总能凭借着自身的亲和力很快地与对方交谈起来，而且贝蒂知道如何从他人口中"掏出心里话"。贝蒂常说："只要有人愿意给我一次上电视主持节目的机会，我相信自己肯定能成功。"

然而，她只是这样想，实际上却什么也没做。她每天都在等待着奇迹的出现，希望自己一夜成名。这种期待的结果，自然是失望。没有人会愿意让一个毫无经验的人去担任电视节目主持人，更没有一个节目主管会跑到外面去搜寻“天才”，他们从来都是等着别人去找他们。

露丝出生在一个不太富裕的家庭，没有良好的家庭背景和人际关系，但她最后却实现了做主持人的梦想。露丝从小就知道，天底下没有免费的午餐，要成功就必须努力争取。

露丝白天去做工，晚上在大学的舞台艺术系上夜校。毕业之后，她便开始谋职，这条路是很辛苦的。露丝几乎跑遍了芝加哥的每一个广播电台和电视台，但却屡遭拒绝，因为她没有经验。

不过，露丝不是个甘愿认输的人，她继续走出去为自己寻找机会。一连几个月，露丝总是关注广播电视方面的杂志，终于有一天，她看到北达科他州的一家很小的电视台在招聘一名预报天气的女子。

露丝是南方人，并不喜欢北方。可是，她无比渴望得到一份与电视有关的职业，不管是干什么。于是，她抓住了这个机会，动身去了北达科他州。露丝在那里工作了两年，最后又在洛杉矶的一家电视台找到了工作。五年之后，她终于实现了自己的理想，成了一个著名的电视节目主持人。

空想，动嘴发牢骚，抱怨没有好的机会，这些谁都能够做到。可是，想得再好，说得再好，不去行动，又有什么意义呢？人生的道路上，永远都有机遇在前方等着我们，但它们总是躲藏在一些角落里，我们必须耐心、积极地去寻找，而不是守株待兔。

不管是改变生活，还是获得事业的成功，都离不开行动。如果你有智慧，那就拿出智慧；如果缺少智慧，那就流汗。总之，无论是运用大脑，还是运用体力，必须要让自己动起来。否则的话，成功对你来说，永远都只是海市蜃楼。

倾谈07

认真地对待生活，不等于事事都较真

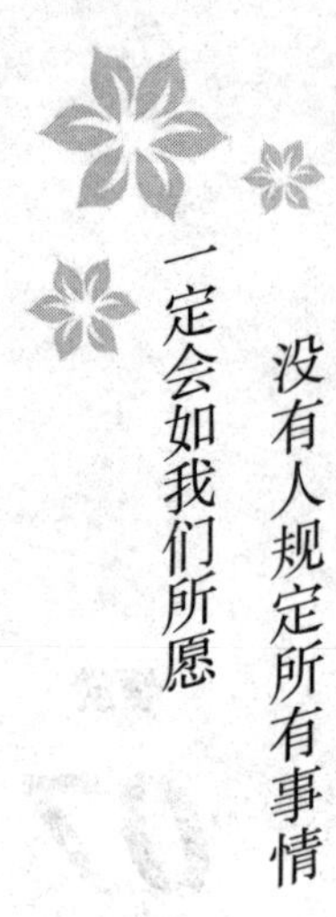

没有人规定所有事情一定会如我们所愿

一位天性愚钝的樵夫某日到山上砍柴，遇到了一只从未见过的动物。他出于好奇，走上前去问对方是谁，那动物回答说它叫“聪明”。樵夫心想，自己现在愚钝，就是缺少聪明，干脆把它捉回去算了。

这时，“聪明”开口说话了，它看穿了樵夫的心思，知道他想把自己捉回去。樵夫吓了一跳，没想到此物当真如此聪明。接着，樵夫装出一副不在意的样子，想趁它不注意的时候捉住它。没想到，“聪明”再一次揭穿了他的计划。

樵夫很生气，心想：实在太可恶了！为什么它能知道我在想什么？

谁知，这个想法刚一出现，“聪明”又知道了。它说：“你是为了没捉到我而生气吧？”

樵夫没说话，他从内心检讨：我心里所想的事，就像照在镜子里一样，都被它看穿。我还是顺其自然吧，就当没见过它，专心砍柴，省得给自己找烦恼！”

想到这里，樵夫抡起斧头，像往常一样砍柴。谁料，这一回斧头居然不小心掉了下来，正好压在“聪明”的头上，“聪明”立刻就被樵夫给捉住了。

故事听起来饶有趣味，却也寓意深刻。命运往往就是这样，你越是挖空心思想得到一件东西，它越是想方设法不让你如愿以偿。如果你硬要执迷不悟，就会掉进烦恼的深渊；如果你肯看开，选择顺其自然，命运可能会给你另外的补偿。

世界建筑大师格罗培斯设计的迪斯尼乐园如今已经为全世界人所知。据说，当初迪斯尼乐园即将对外开放时，各景点间的路该怎样连接迟迟没有合适的方案。格罗培斯很是着急，巴黎的庆典一结束，他就让司机开车带他到地中海海滨。

汽车在法国南部的乡间公路上驰骋着，四周的是当地农民种植的葡萄园。当他们的车子拐进一个小山谷时，发现那儿停靠着许多车。原来，那是一个无人看守的葡萄园，只要在路边的箱子里投下法郎，就可以摘一些葡萄上路。

相传，这原是当地一位老太太的葡萄园，她因为年老无法照料，就想出了这个办法。谁知道，在这绵延上百里的葡萄产区，她的葡萄总是最先卖完。这种给人自由、任君选择的做法让格罗培斯大受启发。

回到住地之后，他连忙和施工部联系，告诉他们撒下草种，提前开放。此后的半年时间里，草地被踩出许多小道，有宽有窄，优雅自然。第二年，格罗培斯让人按照这些踩出的痕迹铺设了人行道。1971年，在伦敦国际园林建筑艺术研讨会上，迪斯尼乐园的路径设计被评为世界最佳设计。

建筑设计如此，人生亦如此。有些事情跟我们预想的差不多，有些事却差一大截。如果义无反顾地坚持“事情就要按照希望的进行”，当没有依照期望进展时，投注的心力越大，失落也越大。与其对偏离预想的事情大失所望，不如对那些偶尔按照预期发展的事感到惊喜。这样的话，减少的是沮丧，多得的是庆幸。

左右不了别人的言行，但可以选择自己的姿态

有个好强的姑娘读书时很用功，成绩也很好，当时所有人都认为她肯定能考上名牌大学。没想到，在最后高考时，她发挥失常，最终只上了一所不起眼的师范院校。

多年过后，如今的她有了自己的家庭，是一个对未来有规划、且行走在前进路上的自由职业者。尽管事业不算成功，但她对未来充满信心，相信能让家人过得更好。只是，她心里一直有个难解的疙瘩，就是身边人对自己高考的评价。

曾有亲戚对她说过："当初你学习多好啊，又那么刻苦，就是高考没发挥好……"亲戚就说了这么多，可她总在想，对方觉着自己所经历的那些刻苦都白费了，因为许多学习不好的人，现在也不比她差。对这件事，她耿耿于怀了十多年，虽然也在不断说服自己要宽心，随便别人怎么看、怎么说，可心理上的阴影却还是摆脱不了。

身为旁观者，多数人大概都会觉得，真正的问题不是出在那个亲戚说了什么，而在于她太敏感了，太在意别人对自己的看法了。她因高考失利之事而自卑，所以也害怕别人提起这件事，总觉得那是在戳自己的痛处。

有人说：生活中最难忍受的不是贫穷困苦、饥寒交迫，而是嘲笑和蔑视。想来就是这样，现实中不知有多少人跟上述那个姑娘一样，在饱受着流言蜚语、异样眼光的煎熬。同时，经验又告诉我们，在自尊心面临挑战的时候，你的姿态决定了你的结局。

畏惧嘲笑的人，往往会放弃自己的想法，以躲避别人的嘲笑；内心强大的人，却会置之一笑，用逆袭的方式来证明嘲笑者的无聊，展示自己的实力。

美国前总统林肯出生在一个鞋匠家庭。在重视门第和出身的美国上流社会，身为鞋匠之子的他，受到了许多权贵的轻视。

在竞选前，林肯第一次站在参议会的演讲台上时，一位傲慢的参议员当众奚落他说："林肯先生，在你开始演讲之前，我希望你记住，你是一个鞋匠的儿子。"话音一落，场上一片哄堂大笑，许多人都想看林肯的笑话。

面对这样的羞辱，林肯表现得非常平静，没有任何怒气。等场上的笑声渐渐歇止，他才缓缓地说道："我非常感谢你，使我想起了我的父亲。他已经去世了，我一定会牢记你的忠告，我永远是鞋匠的儿子。我知道，我做总统永远不会像我父亲做鞋匠那么出色。"

会场上一片寂静，所有人都佩服林肯的勇气和智慧。这时，林肯转过头对那位傲慢的议员说："据我所知，我的父亲也为你的家人做过鞋子，如果它们不合脚，我可以用我从父亲那里学到的技术为你们修改。"接着，他又向在场的所有参议员说："如果在场的哪一位脚上所穿的鞋子是我父亲做的，如果它们不合适，我都可以帮助修改。但是，有一件事我敢肯定，我永远无法像他那样做得那么好，他的手艺是无人能及的。"说到这里，林肯落了泪。

这番肺腑之言打动了在场的每一个人，所有的嘲笑和轻蔑都变成了钦佩的掌声。后来，林肯在大选中胜出，人们认为这位总统最伟大的特质，恰恰是他的真诚、自信和不忘本。

英国哲学家罗素曾告诫世人："对付贫穷要有勇气，忍受嘲笑要有勇气，正视自己营垒里的敌者也要有勇气。"忍受指责、抱怨、轻蔑，还要日复一日地努力，确实不容易，但忍受的结果永远会比默认别人的嘲笑要精彩。

几乎每个人都有过这样的体验：在没有做出什么惊天大事之前，自己所有的想法和决策，在别人眼里就是痴人说梦、异想天开。你信了那些话，被刻薄的嘲讽击垮了信心，那你这一生可能都会停在原地，故步自封。你大概不知道，那些站在金字塔顶端的人，也不是伴着鲜花和掌声爬上去的，他们也曾跟你一样，经历过被人讥笑的日子。不同的是，任凭别人怎么笑，怎么说，他们都义无反顾地走自己的路。

马云在和朋友成立海博翻译社时，第一个月赚了200元，房租700元，他背着麻袋去了义乌，卖过礼品、鲜花，还有手电筒；李彦宏在美国留学时，老师笑着问他："中国有计算机吗？"八年后，他回国创建了百度；卞之琳经常被人嘲笑"说话绕弯子"，可是他写出了千万人追捧的名句——你站在桥上看风景，看风景的人在楼上看你；亨利·布拉格在威廉皇家学院读书时，因为是穷学生一直被人看不起，甚至还有人说他穿的破皮鞋是偷来的，父亲在给他的信中写道："果真你一旦有了成就，我将引以为荣，因为我的儿子是穿着我的破皮鞋努力奋斗成功的……"结果，他成了物理学家。

这些精英们的人生经历，无疑都印证了一个事实：如果你能够战胜他人的嘲笑，用自己的成功去回应那些蔑视的话，所有的嘲笑都会被惊讶和敬佩所取代。你若轻易就改变自己的想法和做法，才真的会如他们所言，庸庸碌碌地终其一生。

请记住：这个世界不是掌握在那些嘲笑者的手中，而是掌握在能够经受得住嘲笑与批评并不断往前走的人手中。你无法左右别人的言行，但你有权选择自己的姿态。

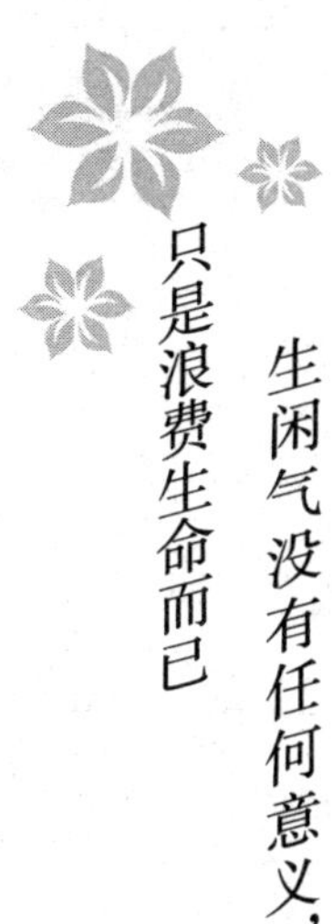

生闲气没有任何意义，只是浪费生命而已

一对夫妇在吃饭的时候闲谈，丈夫不小心冒出了一句不太顺耳的话。妻子顿时就火儿了，对丈夫不依不饶，把那句话掰开揉碎地分析了一遍，非说丈夫话有暗指。丈夫本是无心之过，见妻子这么咄咄逼人，心中也很不痛快，两个人就争吵了起来。最后，好好的一顿饭没吃成，反倒掀翻了桌。妻子哭天喊地，丈夫拂袖而去。

第二天，两人都冷静了，想起昨夜的闹剧，都觉得实在是小题大做。尤其是妻子，想想自己与丈夫相处这么多年，对他的人品个性已经非常了解，因为一句口误就不依不饶，实在有点无理取闹。

现实生活中，这样的女人不在少数。有时，她们会对别人说的每句话都细细琢磨，对别人的过错更是加倍地抱怨，对自己的得失耿耿于怀，对周围的一切都敏感至极，甚至曲解和夸张外来的消息。她们活得累，也让周围的人跟着一起累，自己却浑然不知，埋怨生活给自己出难题，却从未想过自己是多么狭隘幼稚，那圈禁心灵的痛苦牢笼是她们亲手编织的。

我们常常为一些微不足道的小事而闹情绪。试问，时过境迁，有谁还会对这些琐事感兴趣呢？有这样一则关于鱼儿生气的故事——

河里生活着一种特殊的鱼，骨刺很少，肉质鲜美，是水鸟最爱的美食。不过，这种鱼很狡猾，为了避免成为水鸟的盘中餐，它们通常只在深水处活动。

一天，一条鱼和同伴玩耍的时候不小心撞到了桥墩上，顿时，这条鱼就觉得头晕目眩，昏了过去。等它醒过来的时候，发现同伴们正在一旁笑自己，它恼怒了，绕着桥墩不停地打转，怨恨水流太急，桥墩太密。不到两分钟，它的肚皮就被气得圆鼓鼓，身子也不知不觉漂到了水面上。然而，它依然没有察觉自己已经身陷险境，还在桥墩周围徘徊咒骂。这时，恰好一只飞过的水鸟看到，一把将它抓住，享受了一顿美味。

纠缠于微不足道的小事，结果往往是很可悲的，就像故事里的鱼儿一样。生闲气没有任何意义，只是浪费生命；不懂得制止失控的情绪，即使是小事也会带来一系列的连锁反应，让女人困在情绪的旋涡里，无法自拔。

百岁老人陈椿说：“一件事，如果想通了就是天堂，想不通就是地狱。既然活着，就一定要活好。”有些事会不会引来麻烦和烦恼，全在于如何看待和处理。若非要揪着小事不放，那么小事也会成为大麻烦；若是学会不在意，那就能大事化小，小事化了。

所谓不在意，不是做一个冷若冰霜、消极遁世的女人，而是不处处纠缠小事，活出一份洒脱。女人大可不必把什么都太当回事，不要有那么多敏感猜疑，给自己制造假想的敌人；更不要像林黛玉那样见花落泪、听曲伤心、顾影自怜。把精力用到那些真正需要你去在意的事情上，就不会再为小事叹息悲伤了。平和宁静的心态不仅能让自己免于怒气的伤害，也能让他人感受到如沐春风般的自在。

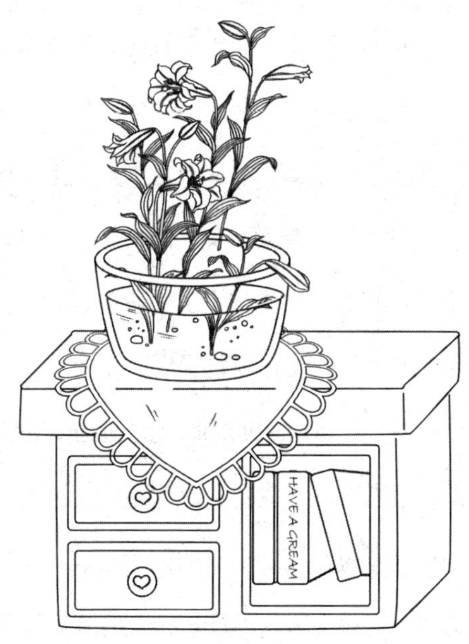

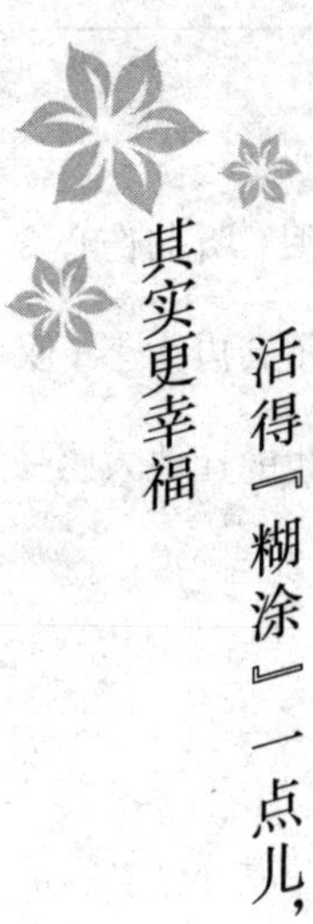

活得『糊涂』一点儿，其实更幸福

活得“糊涂”的女人，计较得少，什么都不在意，因而能觅得人生大滋味。活得清醒的女人，看世界太真切，想事情太较真，生活也便烦恼遍地。

有一本关于红楼十二钗的评述，里面写道：女人的难，就难在活得太明白，对世态过于清醒。在封建时代，贾元春应当是一个成功的女人了，她能一朝选在君王侧，靠着天赋天资做上皇妃，且圣眷日隆，着实了得。她享受的荣华富贵，令天下女人倾慕。省亲时那显赫的排场，就让一向沉稳大气的宝钗，都忍不住流露出了一股羡慕之情，她对宝玉说：“谁是你姐姐？那上头穿黄袍的才是你姐姐呢！”

然而，衣锦荣归的时刻，元春并没有春风得意，她心里充溢着内省的清醒，没有沉浸在满足和虚荣之中。面对至亲，她几番垂泪。她知道，自己内心要的不过是简简单单的田舍之家，享受平平淡淡的天伦之乐。大富大贵的人生，对她而言，不过是虚有的荣华和孤单的寥落。

活得太清醒了，便不容易快乐了。贾元春把荣华富贵看得太透彻，甚至把皇宫说成不得见人的去处。内心的追求与现实之间，有一道无法逾越的鸿沟，这让贾元春痛苦不已。她最后的早逝，多半也是因为这份清醒，她活得太苦恼，太压抑。

林黛玉和贾探春活得也不快乐。如果林黛玉活得糊涂一点，她便不会对生活的遭逢那么敏感。别人的一句话，一个不经意的眼神，甚至是旁人之间的玩笑，都会惹得她以泪洗面。同样敏感而清醒的，还有探春。她精明能干有心机，就连王夫人与凤姐都让她几分，有“玫瑰花”的诨名。她与母亲赵姨娘不是没有情分，而是她的爱和她的羞耻感让她纠结而挣扎，最终出海远嫁，千里东风一梦遥，天长路远，梦魂难度，不能与家人相见。

这些女人，无不是人群中的佼佼者，无不是满身才华的聪慧女子，可却都落得凄凄惨惨的结局。究其原因，就是她们活得太清醒，对自己的处境过分敏感，对现有的生活尽是不满，夸大了对不幸的感知，趋于挑剔和严苛，最终酿成了悲剧。若是能糊涂一点，也许内心就不会有太多的煎熬，也不会加重对不幸的痛感了。

走出红楼的故事，再看现实生活中的芸芸女子，苦乐喜悲无疑也跟各自的性情有着直接关联。活得太清醒的女人，把什么事都看得过于透彻，心里少了一份单纯的喜悦。对于原则性的事，保持绝对理智，丝毫不敢懈怠；对无关紧要的事，哪怕是不中听的话、看习惯的事，也会触动敏感的神经，惹得一番多思，落个满腹怨气。她们的情绪动不动就会掀起波澜，苦苦折磨自己。反倒是那些看起来不怎么“精明”的女人，随听、随看、随忘，活得倒是惬意洒脱。其实，后者也并非真的不谙世事，除了原则性的大事，其他的都不愿想太多罢了。

生活如是，爱情亦如是。太清醒的女人，往往不容易得到幸福。

一位女士如今已到了不惑之年，周围的人都羡慕她的清醒和聪慧。只是她先后谈了不少对象，最后却还是孑然一身。男友向她承诺："房子的问题，我一定会想办法解决。"

她听到之后不是感动和信任，而是托人到男友的单位打听调查，直截了当地批驳对方说："分房子根本就没有你的份儿！没房子我是坚决不会嫁的。"

男友说有可能要升职，她给的不是鼓励和赞赏，而是又一轮的私下调查，得知男友工作业绩平平，她便提出了分手。

对家人解释时，她说："我不想找一个工资还没有我高的人，没有指望。"最终，和她接触的那些对象一个个地都离开了她。谈到她的婚姻，知情的人都感叹："她太清醒了。"

爱情这件事，本就不能计较太多。男人的誓言，多半是许诺给女人的体贴的温暖，容不得太过认真，若是非要去考证，往往都会将那承诺驳得片甲不留。倘若不作批驳，乐于相信和默认，看似是糊涂，实则是另一种精明。这种精明便是，在诺言中享受被爱的温暖和幸福。如若太清醒了，太较真了，世上或许就没有如痴如醉的爱了。

大家都知道郑板桥写过一个"难得糊涂"的条幅，但很少有人知道，那条幅的下面还有一行小字："聪明难，糊涂难，由聪明转入糊涂更难……"

可见，这里说的“糊涂”，并非是真的糊涂，而是一种心理上的自我修养，是一种心中有数却不动声色的涵养，是一种就事论事而不过多牵绊的理智。看似糊涂，实则最智慧。

曾有人问一个生意做得不错的女士：“你的财产有多少？”

女士回答：“不清楚。”

那人开玩笑地说：“不会是怕我跟你借钱吧？”

女士笑笑，说：“要是每天都关心自己赚了多少，亏了多少，会影响自己做生意的心情。我想做个快乐的生意人。你若问我，我也只能回答一个笼统的数字。”

有时，生活就需要“不清楚”，太清楚了反而会生出许多烦恼。糊涂一点，能让矛盾冰雪消融，能让紧张的氛围变轻松；糊涂一点，能保持坦然的心胸，减少生理和心理上的痛苦。试想一下：如果一个女人能在生活中做到非原则性的问题不计较，细小问题不纠结，不便回答就佯装不懂，闲言碎语充耳不闻，如此还有什么事能叨扰她的心绪呢？

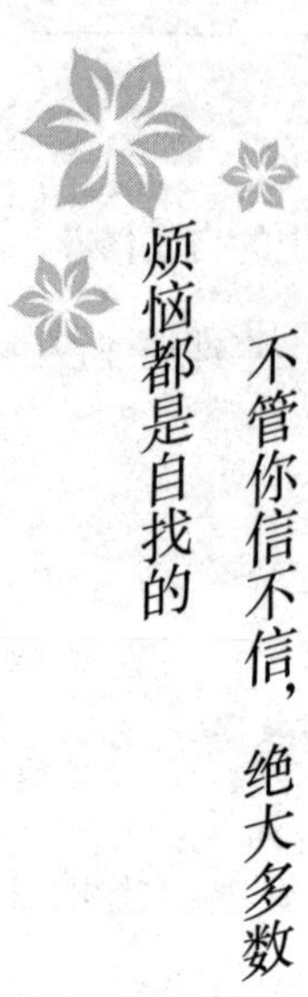

不管你信不信，绝大多数烦恼都是自找的

印度诗人泰戈尔曾说过：“生活并不是一条人工开凿的运河，不能把河水限制在一些规定好了的河道内。”我们似乎总想寻觅一份永恒的快乐与幸福，总希望自己付出的真心都能够得到回报。所以，当现实生活中出现了一些付出未果、所求未得的情况时，一些阴影般的情绪就被人为地定义下来，渐渐浮出：失望、落寞、沮丧……但实际上，绝大多数的烦恼是自找的，那么，快乐也可以自找，如同硬币的两面，全在一个翻转的动作。

1963年秋天，普陀山，在一片橙黄秋景中发生了这样一个小故事，被人们津津乐道。

这天，大诗人郭沫若来到普陀山游览，途径梵音洞时，偶然间看到地上丢着一本封皮颇为精致的笔记本。郭沫若走上前去捡起，打开一看，扉页上的一行字赫然醒目：“年年失望年年望，处处难寻处处寻。”横批：“春在哪里。”再往后翻，里面写着一首绝命诗，还署着当天的日期。

郭沫若越看越不安，赶紧和身边的人一起寻找失主。众人四下里找寻，终于在一个山脚下的台阶上找到了那欲绝命之人，原来是一位神色忧郁、行动失常的姑娘。询问后得知，这位姑娘考了三次大学都没考上，因此男朋友嫌她太没出息而提出了分手。一连串的打击让姑娘下定决心要“魂归普陀”。

郭老没有直接劝眼前这位伤心人，而是貌似岔开了话题，对姑娘说：“看你写的诗词，想必你也是个爱文的人。只是这下联和横批太消沉了，我替你改一改，如何？”

姑娘低头不语。郭老吟道：“年年失望年年望，事事难成事事成。横批：春在心中。”

这一改，使姑娘感佩不已。好一个“春在心中”的教诲，把这位姑娘对人生的态度从颓唐转化为阳光。

想来，几字之差便可以有完全不同的定义和意境，实则还是一个心态和角度的问题。很多时候包围我们的烦恼大都是“庸人自扰之”。生活本来无意与我们作对，较劲的其实一直是我们自身。所谓烦恼，大都是人们无故寻愁觅恨，从而捆绑住手脚的无形网罩，而解铃还需系铃人，能给自己心灵“松绑”的，也只有我们自己。

有人说，漫漫人生也只不过仅有三天：昨天，今天，明天。昨天过去了，烦恼无用；今天正在过，无暇忧虑；明天还未到，困扰不到。有科学家对人的忧虑进行了科学的量化、统计和分析，结果发现，几乎百分之百的焦虑是毫无必要的。统计发现，40％的忧虑是关于未来的事情，30％的忧虑是关于过去的事情；22％的忧虑来自微不足道的小事，4％的忧虑来自我们改变不了的事实，而剩下的4%，则来自我们正在做着的事情。

法国作家大仲马说："人生是一串无数小烦恼组成的念珠，乐观的人总是笑着数完这串念珠。"从中我们可以看出，无论是快乐还是烦恼，都是我们人为定义的感知和状态，赋予怎样的颜色，便反射出怎样的光。

20世纪60年代，有一个康复旅行团从意大利出发，在医生和导游的带领下去奥地利旅行。行程的第二天，一行人来到当地一位名人的私人城堡参观。主人已经80岁高龄，但依然精神焕发，风趣幽默。

谈笑间，老人上来就说："如果各位客人来这里打算向我学习，那真是大错特错了。"在场的人无不感到奇怪，你看着我我看着你不知所措。

老人自然看出了大家的疑惑，微笑着继续："我是说，应该向我的伙伴们学习：你们看，我的狗巴迪不管遭受如何惨痛的欺凌和虐待，都会很快把痛苦抛到脑后，热情地享受每一根骨头；我的猫赖斯从不为任何事发愁，若感到焦虑不安，它就会去美美地睡上一觉；我的鸟莫利最懂得忙里偷闲，享受生活，即使树丛里吃的东西有很多，它也会吃一会儿就停下来唱歌。相比之下，人总是自寻烦恼，我们不就成了最笨的动物了？"

所有人恍然大悟，都被老人的讲述所打动，纷纷感叹真是不虚此行。

事实上，生活中99%的烦恼大都不会发生。快乐的人前行，身上带的都是祝福；疲惫的人前行，背上背的都是烦恼。快乐和烦恼是一对孪生兄弟，就像硬币的两面。选择了烦恼，就只能成为痛苦的奴隶；若翻转一面，即可拥有快乐的翅膀。快乐是自找的，困扰也是自找的。选择怎样的情绪，是决定我们精神面貌的关键所在。

英国著名作家阿兰·德波顿说："人类不快乐的唯一原因是不知道如何安静地待在他的房间里。如果我们可以将一种游山玩水的心境带入我们自己的居所，那么我们或许会发现，这些地方的有趣程度不亚于洪堡的南美之旅中所经过的高山和蝴蝶漫舞的丛林。"

在漫长的人生旅途中，快乐的人会把那些不必在意的庸扰丢掉，而疲惫的人却选择了捡起。就让我们以美国畅销书作家理查德·卡尔森的著作《快乐是自找的》中的一段话互勉吧——

"当我们变得更放松与平静时，我们才能避免生活中困扰的因素，也更懂得包容家人的行为。我们会为自己能拥有家庭，拥有生命感恩。你将这种概念带入家庭生活中，就表示你已创造了一个和谐慈爱的家庭。学会了不被琐事打败，你的生活就有无穷能量。"

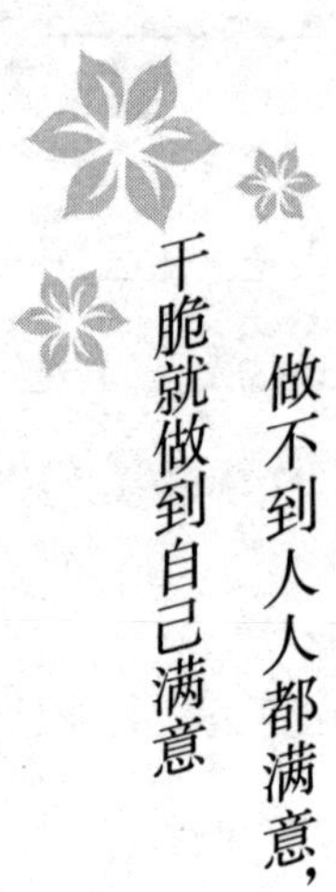

做不到人人都满意，干脆就做到自己满意

生活中的许多烦恼，不全来自做事的辛苦，还有来自他人的眼光。尤其对敏感多思的人来说，别人的一个小小意见，一个不确定的眼神，都会扰乱他们的思绪。别人的看法，有那么重要吗？迎合别人的目光，真能让你走一条正确的路，让你满心不留遗憾吗？

人生就是一连串选择组成的，每走几步都会遇见十字路口。置身其中，有人徘徊，有人勇往直前，也有人倒退，立场不同、思想不同，选择也就不同。别人的判断都只是站在别人的角度表达出的观点，他们不代表你，也无法代表你。为了取悦他人，堵住悠悠之口，满足他人的价值观，走一条自己不想走的路，你的人生轨迹就会离初心越来越远。

林肯说过一句话：“如果证明我是对的，那么人家怎么说我都无关紧要；如果证明我是错的，那么即使花十倍的力气来说我是对的，也没什么用。”除了你自己，没有谁可以决定你的路怎么走，只要心中有自己的方向，那么外界的目光和评议，真的无关紧要。

电影《修女也疯狂》的主演乌比·戈德堡从小就是一个特立独行的人，她始终坚持成为一个独立的个体，坦然地面对着来自他人的所有质疑和责难。

乌比·戈德堡生活的年代正值“嬉皮士”流行的时代，她住在环境颇为复杂的纽约市切尔西劳工区，经常穿着奇装异服，引来周围人的议论纷纷。她似乎一点儿也不介意，依然身穿大喇叭裤，头顶蓬蓬头，脸上涂满五颜六色的彩妆。

有一次，因为她穿着破烂的吊带裤和漆染衬衫，朋友说什么也不肯跟她一起逛街、看电影。就在这时，乌比·戈德堡的母亲走过来，出人意料地对她说：“你可以去换一套衣服，然后变得跟其他人一样。如果你不想这么做，那你就要确定自己足够坚强，能够承受一切外界的嘲笑。你必须知道，你会因此而引来批评，你的情况会很糟糕，特立独行本来就不是一件容易的事情。”

乌比·戈德堡的内心大受鼓舞。她恍然间意识到，除了母亲，没有人会在一开始就对自己的“另类”存在方式给予理解，更不要说是鼓励和支持了。如果她为了与朋友“和谐相处”而换掉今天的这身衣服，那么日后又要为多少人换多少次衣服呢？就是从那时起，乌比·戈德堡坚定了一个信念，即使面对再强大的压力，她也不要为了别人的目光而改变自己，就要做一个和别人不一样的自己。

当她成名后，周围的评议声更多了，总有人疑惑不解或略带反感地说：

“她在这些场合为什么不穿高跟鞋，反而要穿红黄相间的跑步鞋？她为什么不穿小礼服？她为什么跟我们不一样？”无论怎样，最终人们还是接受了她的风格，并且被她所影响，学着她的样子梳起黑人细辫，因为她是那么与众不同，那么独具魅力。

不得不说，乌比·戈德堡的母亲是睿智且伟大的，她告诉自己的孩子，拒绝改变没有错，只是活得跟别人不一样必然要承受舆论压力。要活出自我，活得随性，就要有一颗博大而淡定的心，对自己应该理睬和不该理睬的事物了然于胸，不为那些无足轻重的事情劳心费神。在棋盘上，往往是旁观者清；但在生命的长路中，却是谁走谁知道。每一个人的人生都是不同的棋盘，没有人可以把每一盘棋都下好，也没有人能准确地知道他人棋盘的样子，自己的路仍然是要自己走。

梦雅从传媒大学毕业后，顺利跟一家台资企业签约，成为了白领大军中的一员，省去了东奔西跑四处求职的过程，工资待遇也还不错，这让周围的同学羡慕不已。可是，谁也没想到，当公司准备提升她的时候，她却提出了辞职，跟朋友去合伙创业做工作室了。

创业这件事，外人看着总觉光鲜亮丽，但个中滋味只有自己知道。尤其是家人和朋友，看着她把手里的钱全都拿去投资，一年下来血本无归的时候，都强烈反对她再做下去。白天她要自己联系客户，晚上还要写文案，跟设计师沟通，大家觉得她这么辛苦又赚不到钱，还不如踏踏实实地找一家公司就职，至少生活有保障。

面对周围人的不信任和猜疑，梦雅很少解释，她觉得自己选择的路没错。天道酬勤，靠着出色的广告创意，还有真诚的服务态度，梦雅的公司给客户带来了一连串的惊喜。渐渐地，她的工作室在业界有了点儿名气，找她合作的客户也越来越多。几年下来，她的工作室从三五个人发展到了二十人，步入了正轨。

其实，像梦雅这样的年轻创业者生活中比比皆是，但能够做成功的却并不太多。归根结底，就是在捉襟见肘的时候支撑不下去了，资金是一方面，更多的是承受不了心理上的压力。梦雅的勇敢，在于她坚持做自己认为对的事，有自己的生活方式和态度，有自己的评价标准，没有因外界的压力而停下脚步。

大千世界里，每个人的喜好都不一样，想过的生活也不尽相同，若是内心没有坚定的立场，就会像无根的浮萍，随波逐流。不要把内心的满足寄托于别人目光折射回来的基调，而忽略自己内心真正想要的东西，将自己的生活放置在别人的标准和目光中，是一种悲哀和痛苦。

你看那洁白的云，没有太阳的耀眼光芒，也没有彩虹的灿烂色彩，却依然自在地保持着一片纯净；你再看那无名的草，没有花朵的芬芳诱人，也没有树木的挺拔高大，却依然快乐地吐绽着一抹新绿。其实，做人亦当有这样的姿态，纵使别人质疑的目光有千千万，也比不上对自我心灵的诚实，能够演绎出自己的特别，才是泰然自若中的华彩。

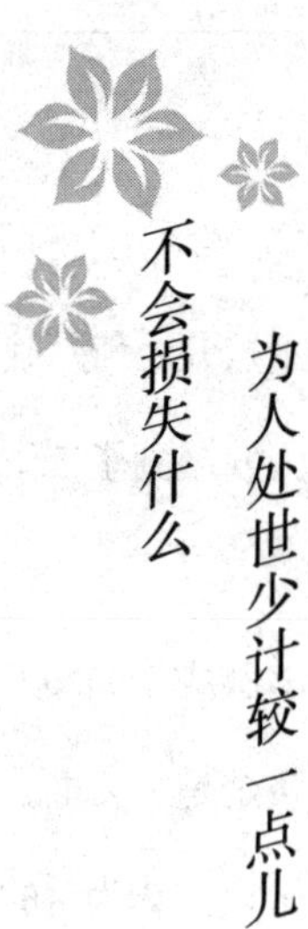

为人处世少计较一点儿 不会损失什么

英国作家基普林娶了一位貌美如花的妻子，婚后不久，他就在当地修建了一栋非常漂亮的房子，准备跟妻子在那里共度余生。基普林和妻子的哥哥比特很谈得来，两人除了亲戚关系外，也是很交心的朋友。

然而，后来只因为一件很小的事情，却让他们分道扬镳，往日的情谊也荡然无存。

事情的起因是，基普林买下了比特的一块地皮，两人约定地皮的所有权归基普林，但比特有权利收割这块地上的青草。可是有一天，比特突然看到基普林正在把这块草地改建成花园，他气急败坏地走了过去，冲着基普林就是一通斥责，说他未经自己允许就私自改建。基普林也不甘示弱，当场反驳：“我有权在自己的私有财产上做任何事情。”这句话驳得比特哑口无言，好几天都没跟基普林说话。两个人就因为这块草地结下了恩怨。

不久后，基普林骑着自行车在路上碰到了比特，当时比特正坐在一辆双套马车上。由于道路很窄，两个人不可能同时通过，总要有个人让一让才行。比特提出要基普林让开一下，而基普林却不肯，指责他不讲道理，还发誓要将比特告到法院。结果，基普林并没有得到任何好处。依照法律来判，那栋漂亮的住宅并不属于他。

许多人都在尽自己所能地追求物质上的满足，体现在言行上就是锱铢必较。然而，这么做的结果如何呢？是不是真的如愿以偿得到了想要的？是不是真如预想的那么幸福呢？或许，像基普林这样的，计较来计较去、最后竹篮打水一场空的人，也不在少数吧！

当心灵被计较占据时，人往往就难以自持，这种失控或体现在言行的过激上，或体现在默不作声的痛苦中。计较是一把双刃剑，刺进他人身体和心理的同时，也伤了自己。对那些无关紧要的小事，完全可以睁一只眼闭一只眼，就算是对那些比较重要的事情，也可以用其他方式去解决，多点豁达和原谅，生活也会更好过一些。

一百年前的欧洲医学界，阿·居尔斯特兰德的名字几乎人尽皆知。他是一位出色的眼科医生，也是一位对眼睛进行深入研究、揭开眼睛生理光学秘密的专家，1911年被授予诺贝尔医学奖。人们敬仰他，不仅是因为他精湛的医术，还有他豁达而深厚的修养。

这件事情还要从居尔斯特兰德的父亲文诺说起，他也是一位小有名气的眼科医生，在贫民区经营着一家眼科诊所。当地有一位家境殷实的玛尔盖勋爵，他的生意涉及食品、化工、船舶等各个领域，后又在贫民区创建了一所医院。然而，当地的许多居民，包括其他地方的患者，都愿意来找老文诺看病，尽管他的诊所规模并不大。

玛尔盖很不高兴，因为老文诺以医济世，不以术致富，使得去他的医院就诊的人很少。有人给玛尔盖出主意，说让他邀请文诺到医院来主持眼科，玛尔盖不愿意，说文诺没有文凭，医院不可能录用这样的医生。老文诺听说后气愤至极，觉得自己被羞辱了。

后来，玛尔盖发善心，让文诺的三儿子，也就是居尔斯特兰德到医院做实习医生。居尔斯特兰德憋着一口气，发誓一定要干出个样子，给父亲出一口闷气。果然，他在18岁那年凭借优异的成绩考入了医学院，学成后回到父亲的小诊所，接替了父亲的工作，跟玛尔盖医院成了竞争对手。

28岁时，居尔斯特兰德获得博士学位，他的博士论文轰动了瑞典首都斯德哥尔摩；30岁时，他被认命为斯德哥尔摩眼科诊所所长。玛尔盖见到居尔斯特兰德家族出了这样一个人物，也后悔当初把事情做得太绝了，坏了两家的关系。这时，玛尔盖家的四小姐芬妮在此时患上了严重的眼疾，玛尔盖请遍了北欧各国的眼科专家，医生们都束手无策。两块黑色的云翳盖在四小姐芬妮的瞳孔上，动手术的话很可能会失明。

玛尔盖绝望了。最后，还是芬妮提出来请居尔斯特兰德为她诊治看看。居尔斯特兰德来了，似乎早已忘了玛尔盖当年对他的歧视以及对父亲的排挤，他用心地给芬妮诊断、做手术，且手术很成功。

重新见到光明的芬妮爱上了居尔斯特兰德，想要嫁给他，以报答这份恩情。居尔斯特兰德拒绝了，他深知自己所做的一切都是出于医生的职责，既不会因为前嫌而拒绝为芬妮诊治，也不会因为治疗成功而接受她的以身相许。后来，居尔斯特兰德离开了家乡，到乌普萨拉大学任眼科教授。他的慷慨大度让多年来结怨极深的两家人，彻底抹去了恩怨，避免了“冤冤相报何时了”的悲剧。

走在纷纷攘攘的生活路上，难免会有碰撞和摩擦，总是记挂着不愉快，怨气就会越来越大，内心的美好感受就会越来越少。与其为了过往的纠葛咬牙切齿，不如选择原谅和宽恕。其实，当你学会了宽容，你会发现做人少计较一点不会损失什么，反倒还能给自己省去许多烦恼。既有轻松的选择，何苦非要为难自己呢？

倾谈

08

别让情绪化思维拖累你的人生

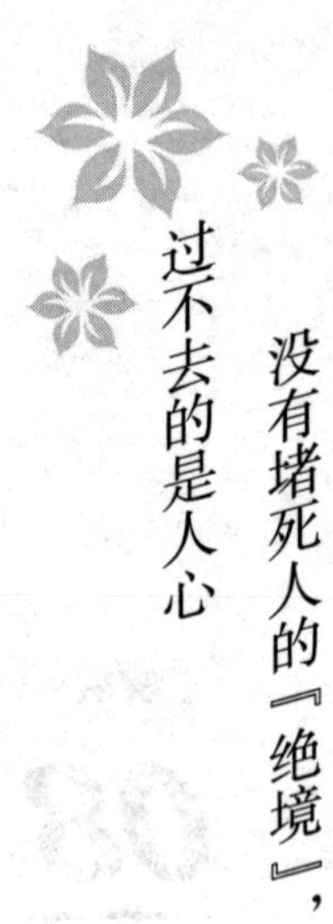

没有堵死人的『绝境』，过不去的是人心

每每打开网页都会看到令人触目惊心的消息：少年因学业轻生，青年因爱情堕落，中年因事业颓靡……是什么让他们选择用如此极端的方式对待生命？我们听到的回答往往是“没有办法”“不知道怎么办”“只想一了百了”。

生活真的走到“绝路”了吗？真的退无可退，没有回旋的余地吗？答案无疑是否定的。真正绝望的永远不是生活的境遇，而是人心。没有谁的一生是波澜不惊的，苦难挫折总会时不时地荡起涟漪，甚至激起浪花。当不美好的事物像巨石一样挡住视野时，只要静下心来，总会找到新的出路。怕就怕直接被巨石吓得乱了方寸，尚未努力就向生活举起了白旗。

一位在商场中打拼多年的企业家，事业风生水起，家庭安稳幸福。不知是上天想给他再多一些考验，还是他在安稳中松懈了警惕，一次失误的判断，使他在生意上出现了巨大的亏损。依照合同，他不仅拿不到应得的货款，还要赔偿对方一大笔钱。多年的努力，一夜之间就化作乌有，原本衣食无忧，如今却债台高筑，每天都有人上门来要钱。

这样的日子持续了两个月，企业家和妻子都已到了崩溃的边缘，但凡门铃一响，两个人的心就会揪成一团，生怕会有鲁莽冲动者进来打砸，或是对他们做出更过激的行为。恐惧感和内疚感交织在心里，企业家再也承受不住了，他起了轻生的念头，只要自己眼睛一闭，也就一了百了了。

那天，企业家对妻子说想出去透透气，然后就来到了桥边，猛地跳了下去。当时桥上的行人比较多，好心人及时将他救起。醒后，他却吵嚷着埋怨救他的人，怪对方多管闲事，周围的人都觉得他不可理喻，纷纷斥责他不识好人心、精神不正常。其实，他倒希望自己真是精神病呢，那样就不会这么痛苦了，如今连死也不行，真是天意弄人啊！

他周身湿漉漉地在街上走着，脑海里突然想到了自己许久未见的一位老友，此人曾经也经商，几年前退出商界，在郊区买了一处房子，过起了恬淡的生活。或许，找他聊聊能让自己走出这场迷局吧！

他开了两个多小时的车，抵达了朋友的住处。讲明来意后，朋友放下手里正在修剪花草的工具，不紧不慢地说："走吧，咱们去散散步，这里山清秀美，值得看看。"落魄的企业家其实并不想去，他在心里嘀咕着："我都无路可走、苦不堪言了，哪儿有闲情雅致去散步？"可尽管这样想着，他也不好意思驳朋友的面子，只得跟在对方后面慢慢走着。

山间小道曲径通幽，两旁古树参天，风景甚是好看。朋友看起来心情很不错，似乎并未把企业家来时倾诉的遭遇放在心上。步行片刻，朋友突然停了下来，指着前面说道："你看，这条路是不是走到头儿了？"企业家一看，再往前走就是山崖了，点点头说："是，咱们回去吧！"

朋友似乎并未有掉头的想法，而是迈着悠然的步子，继续往前走。到了路的尽头，他才止住脚步，回过头对企业家说："看来，咱们还能再散会儿步。"他指着旁边的一条岔道，又说，"看旁边这条路，不照样可以走？"

企业家若有所思，而后说道："是，看似无路，其实还有路。"朋友听到这番话，面露笑意，意味深长地说："老兄啊，很多时候，咱们都以为到了尽头，无路可走了，其实继续往前走，继续寻找，可能就会有另外的出路。"

朋友的这席话，彻底浇醒了颓靡中的企业家。和朋友告别的时候，他脸上的愁云已经散去，取而代之的是久违的笑容。行驶在高速路上，车里的音响飘出嘹亮的歌声："心若在，梦就在，只不过是从头再来……"

巴尔扎克说过："世界上的事情永远不是绝对的，结果完全因人而异。苦难对于天才是一块垫脚石，对于能干的人是一笔财富，对于弱者是一个万丈深渊。绝境能造就强者，也能吞噬弱者。"

看那飞流直下的瀑布，恰恰是在没有退路时形成的；再看那闪烁的繁星，也正是在黑夜降临后才散发出光芒。生活会有令人无奈的困境，与其把它视为绝境，在绝望中沉沦，倒不如将其视为考验，在历练中醒悟和升华。

一则故事里讲到，禅师带着几个小沙弥到一处绝壁前，问道："如果前面是悬崖，后面是深渊，你们往何处去。"众徒弟凝神思考的时候，最小的一个沙弥说："我往旁边走。"师父听后，会心地笑了。

任何事情，一味地钻牛角尖都只会变得更糟。人生的困境，很多时候都被人为地夸张了，那些所谓的绝境，也不过是人们内心创造出来的假象。上天不会让任何人无路可走，只有内心的恐惧和绝望，才会逼人走入绝境。在未来的日子里，在你陷入生活的沼泽地时，请用A.J.克郎宁的这番话给自己一点信心和希望吧——

"生活不是笔直通畅的走廊，让我们轻松自在地在其中旅行。生活是一座迷宫，我们必须从中找到自己的出路。我们时常会陷入迷茫，在死胡同中搜寻，但只要我们始终深信不疑，有一扇门就会向我们打开。它或许不是我们曾经想到的那一扇门，但我们最终将会发现，它是一扇有益之门。"

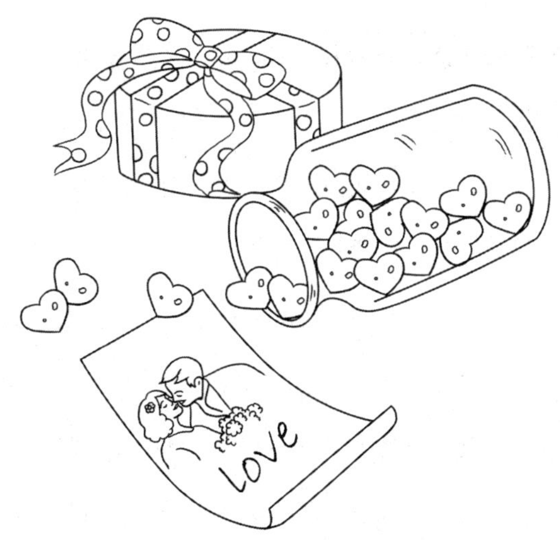

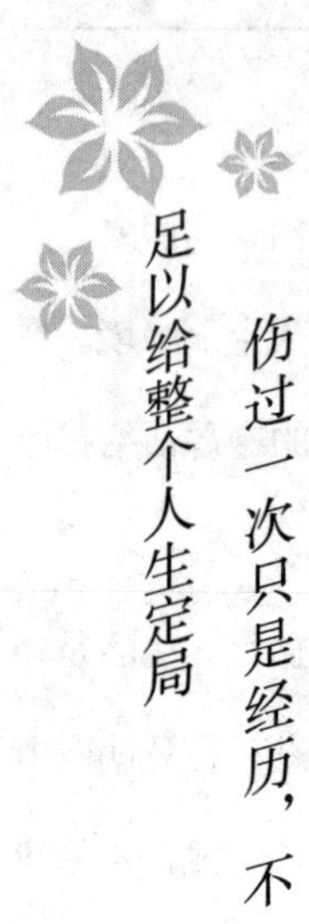

伤过一次只是经历，不足以给整个人生定局

人生是一幕戏，由纷繁复杂的情节串联而成，剧中难免会有或悲或喜的桥段，但是不要忘记，你是生活的总导演，你有能力给故事安排一个好的结局，让所有的不美好都成为一种经历。

美国宾夕法尼亚匹兹堡有一位中年女性，原本过着平静、舒适的中产阶级生活，不料接二连三的厄运像魔鬼一样找上了她，彻底搅乱了她的生活。先是丈夫在一次意外事故中身亡，留下无依无靠的她和两个孩子；没过多久，大女儿又被烤面包的油脂烫伤了脸，医生告说伤口很快就能愈合，但脸上的疤恐怕要跟随孩子一生了，身为母亲，她既心痛又自责；为了维持生活，她去一家小商店做售货员，可还没做多久，商店就关门歇业了；原本丈夫还给她留了一份小额保险，够维持一段时间家用，但烦心的事太多，她错过了最后一次保费的续缴期，为此保险公司拒绝支付保费。

生活一向静如湖水的她，在短时间内遭遇了这么多的厄运，心理上根本承受不住。有那么一段时间，她近乎绝望了，不知道接下来的日子要怎么过。年幼的女儿并不知道母亲背负着巨大的压力，她们只知道家里不像从前那么温馨了，没有了爸爸的身影，也少了妈妈往日爽朗的笑声。见妈妈沮丧地坐在房间里，两个女儿依偎在她身边，用稚嫩的声音说道："妈妈，我们想你像从前那样陪我们玩，给我们讲故事。"

望着女儿的脸，她突然意识到，自己不该就这样向现实投降，虽然失去了那么多，但还有女儿，还有明天。她决定，继续找保险公司，努力获得赔偿。

在此之前，她一直都在跟保险公司的基层员工打交道，当她提出要跟经理谈谈时，接待员却告诉她经理不在。她站在保险公司的门口不知所措，就在这时，接待员因事离开了办公桌。机会来了，她毫不犹豫地走进了办公室，结果看到保险公司的经理就在那里坐着。

经理很有礼貌地问候了她，这也给了她莫大的鼓舞和信心。她冷静而真诚地讲述了自己在索赔时遇到的各种难题，随后，经理派人去取她的保险资料，仔细查看。从法律上来讲，公司的确没有承担赔偿的责任，但经过再三思索，这位善良的经理还是决定给予赔偿。

保险赔偿金的问题就这样得到了解决，她也暂时松了一口气。然而，好运并没有就此终止。那位保险公司的经理尚未结婚，对这位35岁的成熟女性一见倾心。事后，经理给她打了电话，以朋友的身份送去问候，在了解了她的生活状况后，还为她介绍了一位皮肤科医生，顺利替她的大女儿做了手术，修复了脸上的伤疤。接着，经理又介绍她去一家百货公司上班，这份工作相较以前不知好了多少倍。她的生活又逐渐恢复了平静。半年后，经理向她求婚，她再次拥有了一段幸福的婚姻。

当生命遭遇厄运时，许多人都会把这个坏的开始当成结局，以为整个人生也就如此了。之所以会有这样的想法，往往是因为过往的生活太顺利而把平坦和顺利当成了必然，却不知道起伏才是人生真正的基调。没有哪一部影片是平铺直叙的，往往都是情节越跌宕起伏，迸出的精彩和意外越多。生活也是一样，你无法预知会碰到怎样的境遇，但你可以选择对待境遇的态度，还可以竭尽所能去为每件事安排一个好的结局。事实上，我们每个人都具备这种逆转人生的能力，前提是你要有一颗不轻易认输的心。

多年前，一家纺织厂因效益不好而裁员。这些下岗人员中有两个40多岁的女性，一个是厂里的工程师，另一个则是普通女工。论学历和才能，前者无疑比后者更有竞争优势，完全有机会和能力去谋求更好的发展，可事实却并不是这样。

女工程师下岗的消息一传出，就成了全厂的热门话题。在20世纪80年代，受过高等教育的人并不多，对于这样的人生变故，女工程师也是耿耿于怀，觉得太丢人。她怨过、恨过、骂过，到后来闷闷不乐、孤独忧郁，不愿意见任何人。原本有高血压的她，身体变得更糟，满脑子想的都是下岗之事对自己的不公，根本没心思再去尝试其他工作。结果，到了50几岁时，她患上了脑血栓，瘫倒在床上。

普通女工很想得开，既然别人没工作都能生活下去，自己也不至于无路可走，甚至有可能比以前过得更好。她平静地接受了下岗的事实，开始认真琢磨今后要做点儿什么。说来也怪，她过去从没留意过自己有什么长处，可如今却发现自己在烹调方面是一把好手。在家人和朋友的支持下，她开了一家小小的饭馆。没想到，因为价格实惠、饭菜的味道可口，小饭馆的生意特别好。一年下来，她不但还清了借来的所有本金，还有盈余。现如今，她的饭馆已经成了一家可容纳上百人的饭店，而她也着实过上了比在工厂上班时更好的日子。

有人说过："每一个故事都有一个美好的结局，如果现在还不够美好，说明它还尚未结束。"

当生活陷入泥泞时，不要急着给自己的一生定局，鼓足勇气把自己从悲伤和沮丧的黑暗中拯救出来，你有权利并理当努力，给自己的人生谱写一个精彩的结局。

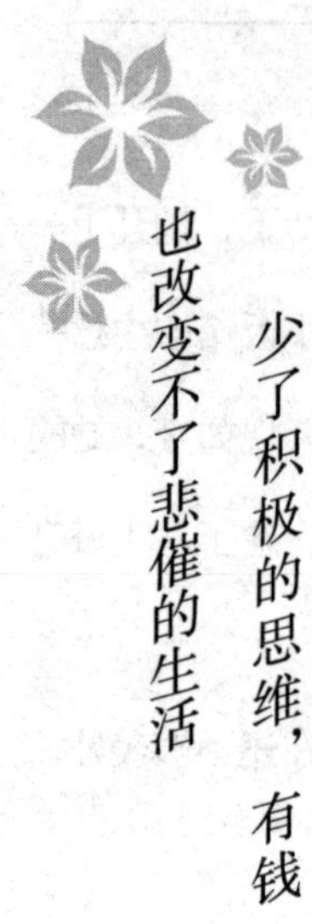

少了积极的思维，有钱也改变不了悲催的生活

说起生活的艰难之处，许多人都会不约而同地想到一个字——钱。

不可否认，物质基础是生活的保障，没有钱的日子寸步难行，这也是多数人拼命奋斗的原动力，谁不渴望拥有更富足的生活呢？为此，有人就把金钱和幸福等同起来，将生活中所有的不幸都归结于缺钱，认为有了钱就能解决一切问题，消除一切烦恼。

有足够的金钱就一定能幸福吗？贫穷就享受不到一点快乐吗？

1988年，美国哥伦比亚大学哲学系博士霍华德金森在其毕业论文《人的幸福感取决于什么》中，向世人公布了他的调查结果：这个世界上有两种人最幸福，一种是淡泊宁静的人，一种是功成名就的人。

这一结果是他向市民随机派发一万份调查问卷总结出来的。问卷中有5个选项，分别是：非常幸福、幸福、一般、痛苦、非常痛苦。历时两个多月，他最终收回的5200余份有效问卷中，仅有121人认为自己非常幸福。

在这121人中，有50个人是这座城市里的成功人士，他们的幸福感主要来自事业上的成功；另外的71个人，有的是农民，有的是小职员，有的是家庭主妇，还有的是领取救济金的流浪汉。尽管他们的职业、性格迥然，但有一点是相同的，那就是对物质没有太多的要求。

20几年后，已成为哥伦比亚大学终身教授的霍华德金森再次对这121个人进行了回访问卷调查。结果显示，当年那71名平凡者中，除了有2人去世外，其他人的生活虽然发生了许多变故，有人跻身于成功者的队列中，有人一直过着平凡的日子，还有人由于意外和疾病导致生活陷入困境，但他们依然觉得自己“非常幸福”。而那50名成功者中，仅有9人事业一帆风顺，并坚持自己当初的选项；剩下的人中，有23人选择“一般”，还有16人因事业受挫选择了“痛苦”，另外2人则选择了“非常痛苦”。

受访者前后20年对生活的不同感受，引起了霍华德金森的沉思。在结束回访调查2周之后，教授决定纠正自己20多年前的调查结果，他说：“20多年前，我太过年轻，误解了幸福的真正内涵。所有靠物质支撑的幸福感都不能持久，都会随着物质的离去而离去。只有心灵的淡定宁静，继而产生的身心愉悦，才是幸福的真正源泉。”

金钱与幸福之间，只存在着轻微的正关系。食不果腹、无处可居时，可能是不幸福的，但若能达到温饱，金钱与幸福的关系就会越来越小，任凭财富不断增加，幸福的指数也未必会随之上升，甚至还可能停滞不前或下降。

别把所有的不开心、不幸福都归咎于缺钱，扪心自问：你要的究竟是幸福，还是比别人幸福？任由欲望和攀比去操控心情，无关拥有多少金钱也难以满足。快乐这件事是免费的，任何人都有权利拥有，无关年龄、性别、身份、地位。就像摆地摊的小商贩，只要每天多挣上几十块钱，就笑得合不拢嘴，觉得生活充满了希望；而一个腰缠万贯的开发商，一个项目多挣了几十万，也可能愁眉不展、郁郁寡欢。

一位在图书馆工作的女清洁工，收入微薄，难以享受这个城市的福利。当然，这是许多置身事外的旁观者看到的、想到的情景。当有人真正走近这位女清洁工，跟她闲聊一番过后，才知道她的生活并没有外人所想的那样窘迫，反而还透露着几分惬意。

女清洁工说："我很享受现在的生活，都这把年纪了还能打工赚钱，比在老家务农好多了，觉得自己很能干，也很有用。我的孩子也在城里打工，跟我们住在一起，每天都能见面，他经济独立了，我省了不少心。我在农村住了一辈子，老了还能来逛逛公园、看看夜景，在这里上班也不累，冬天有暖气、夏天有空调，别提多舒服了。"

生活在城市的最底层，拿着微薄的工资，女清洁工却没有一点儿的怨念。在自己的小天地里，她享受着自己的幸福。这足以证明，幸福不是钱权的专利，就算只是一个小人物，一样有资格去感受美好的一切。在女清洁工的心里，金钱根本不是衡量幸福的标准，她要的就是一家人在一起，健康快乐地生活。

当然，每个人的经历不同，对生活和幸福的理解也不同，但有一点是相通的：找到那些令你真正快乐和放松的事，睁开发现幸福的双眼，去寻觅美好的东西。因为，幸福从来都不是什么严肃又重大的事情，它真的可以很简单，就是忙了一天回家有现成的饭菜，无聊的时候有人陪你逛街闲聊，能做一份喜欢的工作……仅此而已。

金钱能够给你的只有物质条件，让你能买到高级的床铺、昂贵的衣物、进口药品，却不能带给你安稳的睡眠、良好的教养、健康的身体、豁达的胸襟。要体会幸福，后者比前者更必不可少。如果你已衣食无忧，那就不要再为了金钱去浪费时间和精力，至少别总用缺钱来限制自己对美好事物的感受。试着改变一下看待世界和自身的方式，努力发现那些触手可及的美好，那么无论在什么样的境遇下，你都可以带给自己快乐。

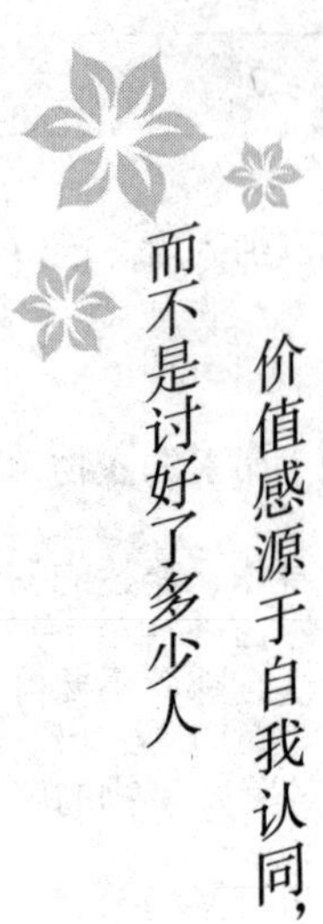

价值感源于自我认同，而不是讨好了多少人

圆圆红红的鼻头，脸上涂着厚重的彩墨，身穿诡异梦幻的衣服，做出滑稽搞笑的动作，这便是人们印象里的小丑形象。很多人都觉得，做这样一份工作应该很开心，因为言行似乎没有约束，而快乐的气场又会传染，看到观众们乐得前仰后合时，表演者的内心应当也会有一种满足感和喜悦感。

然而，这都只是旁观者自以为是的猜想，事实上，绝大多数的小丑扮演者都患有不同程度的抑郁症。每天站在台上，单纯地为了取悦于人，对他们而言，便是生命不能承受之重。在那滑稽搞笑的假面背后，其实是一颗疲惫不堪的心。

取悦别人，往往需要不断地伪装，掩饰自己真实的需求和意愿。有谁的心是麻木的，有谁真的不介意呢？尽管各种社交技巧都在强调投其所好的妙用，但凡事有度，一味地迎合别人就会迷失真正的自己。

婚宴结束后，新娘麦子在房间里挂着眼泪跟闺密说：“我真的不知道自己的选择对不对，这些年我好像都不是在为自己活着，以至于所做的每个决定都让我感到惶恐不安。”闺密望着眼前这个梨花带雨的姑娘，不知该怎样安慰，此时此刻，似乎什么话都显得苍白无力。

麦子则像是找到了一个发泄口，开始絮絮叨叨把过往的事情都翻了出来——

小时候跟堂妹一起玩，害怕大人说自己自私、不懂让着妹妹，每次都会把喜欢的黑色朱古力给堂妹吃，而自己吃白巧克力。直到现在，堂妹还经常给她送白巧克力，以为她最爱吃，而她从来也没拒绝过，更没说过自己不爱吃，只怕伤了堂妹的热情。

读书时本喜欢文史，最好的朋友却想读理科，因不愿失去与朋友相伴的时光，就违背自己的喜好选择了理科。看着令人头疼的物理实验和化学方程式，她觉得那两年的日子简直不堪回首。直至后来，每每感到压力大时，还会做一些跟数理化考试相关的梦。

大学时本想报考外省的一所医科大学，却遭到了母亲的反对。自从父亲去世后，麦子就成了母亲唯一的牵挂，不愿让母亲孤单，她就选择了留在本市，上了一个马马虎虎说得过去的学校，读了一个不冷不热的专业。

恋爱找对象完全是母亲和姨妈一手操办的。总说日子要过得安稳，就要找一个家境不错的对象，其他的差不多就行。习惯了被安排，习惯了逆来顺受的麦子，就这样嫁给了现在的丈夫。这份婚姻里到底有多少爱，她自己也说不清楚，只是不讨厌对方罢了。

不只是生活，包括在工作方面，麦子也一直是个不起眼的小人物。领导说什么，她就听什么，鲜少发表自己的看法，纵然某些点子真的不错，但因没有谁提起，她也就不好意思开口，生怕在会议上遭人拒绝，而她是一个不懂得如何解释和辩驳的人。

麦子把话说完，默不作声，闺密深吸一口气，正视着麦子说："不管过去发生了什么事，你做了什么决定，也不管是对是错，都不重要了。我希望你明白，你是一个独立的人，在未来的日子里，你应该先成为真实的自己，而不是被冠上各种头衔、身份的'谁的谁'。经验告诉我们，不管你怎么做，都无法让所有人满意，为了迎合别人而改变自己，你会越来越痛苦，越来越不知所措。"

作家黄桐在《总有一次哭泣，让人瞬间长大》一书中写过："玫瑰花上的刺，不是为了伤害别人，而是为了保护自己。想当个好人，很好，但绝没必要让自己成为一个来者不拒的烂好人，老是成全别人，却让自己不断受到伤害。"

是的，我们总不能只为做别人眼里的好人就什么事情都委屈自己。迎合就需要弯腰，当你总是弯着腰出现在人前时，别人就会习惯于你的低姿态、你的不重要。

NBA巨星霍华德在接受《洛杉矶时报》的采访时直言不讳地说："我不可能让每个人高兴，我去钓鱼都可能让别人不满，他们不满我开心地度假，希望我坐在屋子里沉浸在失利的痛苦中。我确实很不开心，但我不会停止自己正常的生活。"

谈及自己在前一个赛季的表现时，霍华德承认，伤病对他的影响很大：

“我肩伤复出之后，有些人认为我没有拼尽全力，没有人愿意听一下我刚从手术中恢复，我一直在带伤比赛，有些批评对我是不公平的。但是，我不在意人们说什么，无论是正面的还是负面的，我都不会管，不然我就没法生活下去了。”

这番话说得很实在，如果总依照别人的标准去做人，那真的就没法生活下去了。因为人生是一个多棱镜，总以它变幻莫测的每一面去反照生活中的每个人。

做一个实实在在的人，才是懂得做自己。不因为他人的夸赞而自以为是，也不因为别人的批评而妄自菲薄。如果你是一个乡下人，就算你假装出生在城市，也还是会被看出破绽。不如保留乡下人的本性，因为你没有必要，也不值得去讨好那些因为一个人的出身就得出好坏结论的人。

不必介意别人的流言蜚语，不必担心自我思维的偏差，相信自己的判断，坚定自己的立场，才能活出一条独属于自己的人生轨迹。

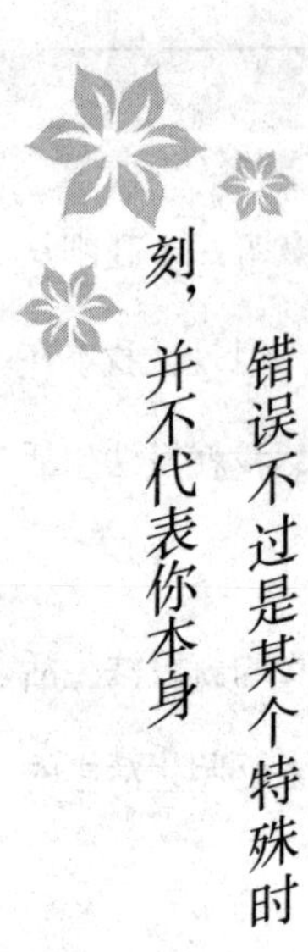

错误不过是某个特殊时刻，并不代表你本身

鲁迅先生的著作《祝福》里，有一个逢人便重复同样话的女人，她就是祥林嫂。她有着一段悲惨的遭遇，因为疏忽没有看好自己的孩子，导致孩子被狼叼走。从此，这便成了她生命里最深的痛，最大的悔恨。周围的人对她没有同情和怜悯，只有冷漠与嘲笑。祥林嫂不知所措，渐渐地远离了人群，变得沉默寡言，终于在除夕夜里凄惨地死去。

相信看过这篇文章的人都会对其中的情节记忆犹新。祥林嫂的喋喋不休，她的怨声载道，她的后悔不已，简直成了女性的反面典型。其实，她所有的症结都只源于一点，就是不肯宽恕自己，在出现心理创伤之后没有及时走出心理阴影，悔恨交加的情绪积压在心里，耗尽了心力，导致精神世界彻底崩溃。

祥林嫂是虚构的，可生活中像祥林嫂一样的女人，却是真实可见的。

陈菲因病休假在家，心里却始终放不下工作的事。她是公司宣传部的主管，许多事都得亲自把关才放心，偶尔放手一次，就可能出了岔子。虽然每天在家里休息，可她还会不时地询问下工作上的事。后来，因为有一个重要的文件需要她签字，她便让助理下班时顺道把东西带过来。结果，在来她家的途中，助理不小心被一辆电动三轮撞了。

事后她一直都觉得愧对助理，总在想办法弥补，弄得助理都觉得有点不好意思。毕竟，那次小意外，助理只是擦伤了点儿皮，并无大碍。况且，就算不给陈菲送文件，她依然要经过那条路，从始至终她就没有怪过陈菲。

年轻女孩可可，内心极纯净，生性爱浪漫。一次偶然的机会，她结识了一位有妇之夫。她爱上了他的成熟，他喜欢她的纯真，一场错误的爱情就这样开始了。后来，男人为了她，抛弃了妻子和孩子，想跟她厮守终生。虽说这是她日思夜想的，可看到他曾经的家庭破碎了，心里还是不免有点内疚。坦诚来讲，她心里很抵触婚外情这样的事，更不想成为第三者。只是，爱情来了，防不胜防，冲昏了理智。

如果事情就这样结束，也许时间会慢慢平复她的心绪。可谁也没想到，就在男人离婚一个月后，他的前妻竟然饮恨自杀了。得知这个消息时，可可完全吓傻了，她第一反应就是，自己破坏了别人的家庭，把他的前妻逼到了绝路上。她无法承受自己对别人造成的伤害，终日郁郁寡欢，好几次都想离世而去。

身边的人安慰她说："就算没有你的出现，他们之间的婚姻也未必不会出现问题。他们既然已经作出了离婚的选择，就说明彼此都慎重考虑过了，至于离婚后要怎样生活，那都与对方无关了。"

这些话她听在耳朵里，却入不了心。她觉得自己就是一个罪人，唯有每天折磨自己，心里才会好过一点。可她不知道，在她怨恨和诅咒自己的时候，身边还有家人朋友为她痛心。

不肯原谅自己的女人，往往过于偏执，爱钻牛角尖，遇事喜欢自责，不愿面对现实，不懂及时变通和反思。可是，不肯原谅又能怎样呢？不过一次次地经历曾经的伤痛，一次次地在脑海中回放痛苦的画面，情绪失控，惹得周围人也跟着揪心；精神崩溃，对未来失去信心；生活乱套，无法像普通人一样过日子。

席慕容写过一篇散文——《白色的山茶花》，里面有这样一段话："就因为每一朵花只能开一次，它就极为小心地绝不错一步，满树的花，就没有一朵开错了的。它们是那样慎重和认真地迎接着唯一的一次春天。"

我们的生命也和山茶花一样，只有唯一的一次，可就因为它的唯一，就要每一天都活得小心翼翼，不允许犯一点点错误吗？那样的生活，未免太古板，太苛刻。我们既然能够不迁怒台风、海啸带来的无尽迫害，也能拿出十分的宽容面对别人的失误，为什么就不能原谅自己呢？正因为生命短暂，才不必懊恼曾经犯过的错。原谅别人，放弃的是旧怨；原谅自己，重获的是新生。原谅别人，心里风平浪静；原谅自己，眼前海阔天空。

原谅自己，不是为自己的过错找借口。只是，当一切都已尘埃落定，无论是非对错，都要勇敢地走出过去的阴霾，重新面对自己，开始新的生活。诗人荷马说过："过去的已经过去，过去的事情无法挽回。"既已如此，再多的自责又有什么用？只会让自己的内心更加痛苦，让情绪更加烦乱。原谅自己，是用宽容的心接纳自己，是与过去握手言和。

原谅自己，是女人内心的一种自信。犯了错，相信自己有能力把错误踩在脚下，继续前行。那是一份容得下错误和瑕疵的胸怀。待上升到人生的另一个高度时，回首曾经的错误，会成为弥足珍贵的经验和回忆。

每个人的生活都是在错误中向前的。有了错误，人生才有了缺憾美，就连那些智者圣贤尚且犯错，更何况尘世间平凡的我们呢？犯错不可怕，可怕的是不肯宽恕自己。也许你曾艳羡过那些步履从容、笑看人生的女人，可她们的人生就没有任何瑕疵吗？她们的一生样样都完美无可挑剔吗？她们活出了美丽，并非是生活多么眷顾，而是她们懂得眷顾自己，从不让自己走进死胡同。其实，人生就是这样，有时只需拐个弯，就会豁然开朗。

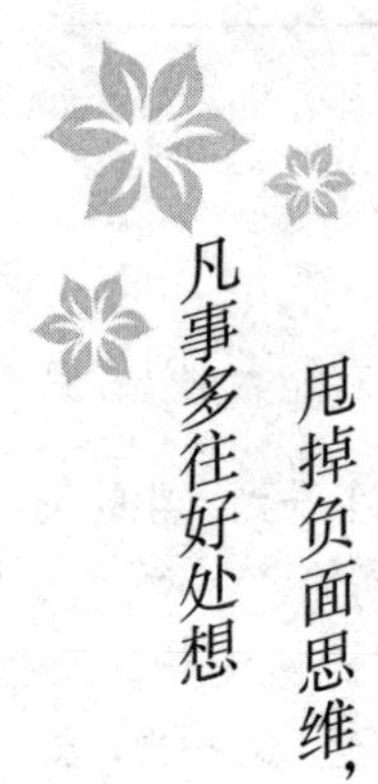

甩掉负面思维，凡事多往好处想

俄国文学家契诃夫在《生活是美好的》一文中写道——

“要是火柴在你的衣袋里燃起来了，那你应该高兴，而且感谢上苍，多亏你的衣袋不是火药库！要是有穷亲戚上门来找你了，那你不要脸色苍白，而要喜气洋洋地叫道：‘挺好，幸亏来的不是警察！’

“……

“要是你被送到警察局里去了，那你就该乐得跳起来，因为多亏没有把你送到地狱的大火里！要是你挨了一顿桦木棍子的打，就该蹦蹦跳跳叫道：‘我多么幸运，人家总算没有拿带刺的棒子打我。’要是你妻子对你变了心，那就该高兴，多亏她背叛的是你，而不是国家。”

人的一生难免会有坎坷，不可能一帆风顺。面对那些“坏”事，换个角度想想，消极的一面就会缩小，心情也会大不一样。这也正是世人所说的：“生活像一面镜子，你对它笑，它便回赠你微笑。”

有两个工程师一起承担了一个研究项目，在即将完成的时候，他们做了一次试验。结果，出乎意料地失败了，在试验中出现了一些他们事先未曾想到的问题。面对突如其来的失败，一个工程师感到很自责，甚至开始怀疑自己的能力。另一位工程师的态度却很平和，他很庆幸这次失败出现在项目投入之前，倘若到实际运作时再出现错误，后果会比现在糟糕百倍。这样一想，他就更坚定了要排除所有问题的决心，并将全部精力投入到了对项目更深一步的研究中，最后顺利完成了这个项目，抵达了事业上的一个新高峰。

不让“坏”的东西暗淡了双眼，心灵才不会荒芜，前路才会越走越亮。一味地沉浸在不如意中，只会让处境变得更艰难。很多时候，世间事就只在一念之间，凡事多往好处想想，就不至于掉进生活的泥沼中苦不堪言。

小说《命运》的主人公翠花不知打动过多少读者的心，她的一生充满了不幸，可她的心却始终沉浸在希望的蜜汁中。

19岁那年，翠花嫁给了邻村做生意的阿强。结婚不到半年，到邻省进货的阿强就人间蒸发了，再也没有音信。一时间各种小道消息传出：有人说阿强被土匪打死了，有人说他被抓了壮丁，还有人说他病死他乡了……那时的翠花，已经有了阿强的骨肉。

阿强失踪几年后，村里人都劝她改嫁，失去了丈夫，孩子又那么小，日子如何过下去呢？翠花知道日子难，但她没走，她说丈夫生死未卜，也许是在远方做大生意呢，指不定哪天就衣锦还乡了，她愿意等。在翠花的精心照顾下，孩子健康成长，这个家在她的支撑下，虽不富裕但很温馨。

日子就这样过着。在儿子18岁那年，一支部队从村里经过，儿子参军走了，说他要到外面寻找父亲。没想到，和当年阿强去做生意时一样，儿子走后也是音信全无。有人告诉她说儿子死在战场上了，翠花不信，一个好好的大活人，怎么可能说死就死呢？她觉着，儿子肯定没有死，说不定还当了官，等天下太平了就会回来看他。她还想，也许儿子已经娶了媳妇，生了孩子，回来的时候就是一大家子人了。

这个美好的想法给了翠花无尽的希望。她比从前更勤劳，对生活更有热情，不仅下田种地，还做绣花线的小生意，奔走四乡，积累钱财。她跟村里人说，自己要盖一栋新房子，等丈夫和儿子回来的时候住。

有一年，翠花得了大病，医生说治愈的希望很小。可是，翠花最后竟然奇迹般地活了过来，她说自己不能就这么死了，儿子还没回来呢！然后，她就一直健康地活着，不停地念叨，儿子生了孙子，孙子也该有孩子了……想到这些的时候，她的脸上露出了绚烂的笑。

翠花最终活到了102岁。她是村里最不幸的人，却也是最幸福、最长寿的人。

卡耐基曾经说过："如果我们有着快乐的思想，我们就会快乐。如果我们有着凄惨的思想，我们就会凄惨。如果我们有害怕的思想，我们就会害怕。如果我们有不健康的思想，我们就会生病。"

翠花的一生，很难用言语来评述。她遭遇的不幸，是常人难以体会的。对于外界的流言蜚语，她未必真的不知，也未必猜测不到，只是，她不愿在事情尚未得到明确的答案时，让自己去相信最坏的结局。她的内心始终朝着好的一面想，至少这样想来，她还有足够的勇气生活下去，对明天抱有一丝希望。靠着这种积极思维，她顽强地生存了下来，且一直笑着活过百岁，没有让一生在悲痛中沉沦。

每个人都有忧伤痛苦的遭遇，只是对待这些遭遇的方式不一样而已，选择以冷漠相待，就会觉得生活充满枷锁；选择以热情相待，就会觉得生活像音乐。在人生的巅峰时刻，眉开眼笑固然容易，但是能在挫折和困难面前笑出声来的人，才是真正坚强的乐观的。

生活不相信弱者的眼泪，它只会对积极的人微笑，在这个处处都有羁绊的世界里生存，唯有保持一份乐观的心态，才能不动声色地对抗世间所有的艰难。